유전자
쫌 아는 10대

유전자
쫌 아는 10대

전방욱 글 | 이혜원 그림

생명과 진화의 비밀을 찾아
이중나선 속으로

풀빛

유전자의 세계로
들어가며

대부분의 생명과학 교과서에서는 유전자의 과학인 유전학을 비중 있게 다룹니다. 이것은 유전학이 생명의 기본 원리를 잘 설명하고 있을 뿐만 아니라, 우리의 실생활과도 깊게 연관되기 때문일 것입니다.

사람들은 자손들이 부모를 닮는다는 유전 현상을 오래전부터 알고 있었습니다. 그러나 그 기본적인 원리를 멘델이 밝혀낸 것은 비교적 근래의 일입니다. 그나마 그 업적도 처음에는 인정을 받지 못하다가 1900년에야 재발견되어 세상에 알려졌습니다. 유전 현상을 일으키는 물질로 제시된 유전자도 DNA의 구조와 역할이 밝혀지고 나서야 구체적인 실체로 인정받게 됩니다.

유전자는 DNA 염기 서열의 돌연변이를 통해 사람의 유전 질환, 생물의 발달, 진화에 폭넓게 영향을 미칩니다. 이런 생물학적인 영향력 때문에 우리들은 DNA가 우리의 행동을 지배한다는 유전자 결정론에 빠지기 쉽습니다. 그래서 이 책에는 과학 지식 이외에도 유전자 연구에 따르는 윤리적 고민과 유전자가 만든 새로운 문화 등 다양한 시선을 놓치지 않고 담으려고 애썼습니다.

청소년의 입장에서 유전학 내용을 완전히 이해한다는 것은 쉽지 않습니다. 가급적 쉬운 용어를 사용해서 풀어쓰려고 노력했지만 꼭 필요한 내용은 전체의 흐름을 위해 좀 어렵더라도 넣었습니다. 책의 전체 분량이 한정되어 있다 보니 유전공학과 관련된 부분은 넣지 못했는데 이에 대해서는 다음을 기약하기로 하겠습니다.

아무쪼록 청소년 여러분이 이 책을 통해 유전자에 관한 기본적인 지식을 알아갈 수 있기를 바랍니다. 참고 문헌도 여럿 살펴보며 풍부하고 새로운 내용을 쉬운 말로 담으려고 열심히 노력했습니다. 기대감을 가지고 첫 페이지를 펼쳐도 좋습니다.

차례

1

멘델의
정원에서

K-POP 대표 주자인 BTS의 뷔를 알고 있겠지? 어느 때인가 인터넷 타임라인은 뷔가 올린 사진 한 장으로 떠들썩했어. 자신의 공식 트위터 계정에 자신의 아버지 사진을 올렸는데 뷔가 아버지를 쏙 빼닮았다고 화제가 된 거야.

그 사진을 보면 누구나 부자 사이라는 것을 알아챌 정도로 두 사람은 서로 닮았어. 붕어빵이라고 표현할 정도로 부모의 특징이 자녀들에게 전달된 결과인데 이것을 **유전**이라고 해.

우리 주변을 봐도 자녀가 다른 사람들보다 자신의 부모를 더 많이 닮았다는 것을 느낄 수 있지? 사람뿐만 아니라 모든 생물은 부모를 닮고, 부모는 그 부모를 닮고, 그리고 그 부모는 다시 부모를 닮게 돼. 뷔가 아버지를 쏙 닮은 것처럼, 우리는 아마 우리의 부모님, 그리고 이름을 알지 못하는 우리의 먼 조상을 쏙 빼닮았을지도 몰라.

자손이 조상을 닮는다는 현상은 생물학이 본격적으로 발달하기 이전에도 많은 사람이 깨닫고 있었던 거야. 그런데 이 유전 현상이 과학적으로 밝혀진 지는 그리 오래되지 않았어. 그건 하느님 다음으로 완두를 사랑했던 그레고어 멘델(Gregor Mendel)이라는 수사님에 의해서였지. 그럼 그 비밀을 밝히기 위해 멘델 수사님의 정원을 방문해 볼까?

완두의 과학

1857년, 멘델은 수도원 정원에서 완두를 교배하면서 유전 현상을 연구했어. 동료 수사님들도 색깔과 모양이 다양한 완두에 관심을 가졌지만 그 원인을 밝혀 보겠다고 선뜻 나선 분은 멘델 수사님뿐이었어. 완두의 모양은 식물체마다 뚜렷하게 달라. 이처럼 식물체는 관찰할 수 있는 특징을 갖는데, 멘델이 관찰한 특징은 꽃 색깔, 종자 색깔, 종자 모양, 콩깍지 모양, 콩깍지 색깔, 꽃의 위치, 줄기 등 총 7가지야.

특징마다 각각의 다른 점이 나타나는데, 이를 변이라고 하지. 또한 보라색 또는 흰색 꽃처럼 꽃 색깔과 같은 한 가지 특징에 대한 변이된 모습 각각을 **형질**이라고 해. 멘델이 후에 성공적인 실험 결과를 얻을 수 있었던 것은 이 특징과 형질이 서로 다른 7쌍의 **염색체**

• 세포 안에 있는 실타래 모양의 구조물. 생명체의 유전정보가 담겨 있다.

유전학의 아버지
그레고어 멘델(출처: 위키피디아)

에 들어 있었기 때문이야. 염색체에 대해서는 2장에서 자세히 설명할게.

물론 멘델이 연구할 때는 염색체가 무엇인지도 모를 때였으니까 정말 하느님이 도와주신 것이나 다름없었지. 하지만 멘델 수사님이 이런 행운에만 기댄 것은 아니었어. 완두라는 식물을 택한 것도 신의 한 수였지. 완두는 몇 달이면 씨를 맺을 수 있기 때문에 특별히 오랜 연구 기간이 필요하지 않다는 장점을 가지고 있었어.

그러나 그런 완두에게도 문제점이 아주 없는 것은 아니야. 완두는 꽃 하나가 암술과 수술을 모두 갖고 있어서 자연 상태에서는 자신의 수술에서 만들어진 꽃가루가 같은 꽃의 암술 안 알세포를 수정시키게 돼. 이래서는 실험하는 사람이 마음대로 실험 방식을 설계할 수 없겠지.

그래서 멘델은 원하는 한 식물의 알세포를 다른 식물의 꽃가루와 수분시키기 위해 한 꽃에서 꽃가루를 만들지 못하는 미성숙한 수술을 제거하고 인위적으로 그 꽃의 암술머리 위에 다른 식물의 꽃가루를 묻히려고 했어.

예를 들면 보라색 꽃의 수술을 제거하고 흰 꽃의 수술에게서 채취한 꽃가루를 보라색 꽃의 암술로 옮겨 알세포에 수정시키는 거야. 이후 꽃가루를 받은 암술의 씨방*은 수정에 성공해 콩깍지로 자라나게 되고, 콩깍지의 종자를 다시 심어 새로 자란 식물의 꽃 색깔을 관찰하면 흰색과 보라색이 어떻게 유전되는지 알 수 있는 거지.

그런데 멘델은 완두를 단순히 관찰하는 데서 그치지 않고 7가지 특징을 나눠 실험을 설계한 후 부모 세대, 제1세대, 제2세대에 걸쳐 여러 세대의 자손을 추적했어. 그리고 자신이 얻은 식물을 일일이 세어 평균을 내거나 상대적인 비율을 구해서 일정한 법칙을 찾아내고자 했지.

멘델은 각각의 개별적인 특성을 연구해서 놀라운 사실을 알게 되었어. 바로 한 형질이 다른 형질을 지배하기 때문에 서로 다른 형질을 갖는 식물끼리 교배하면 우세한 형질만 자손에게 나타난다는 것이었지. 예를 들어 키가 큰 식물과 키가 작은 식물을 서로 교배하면 1세대에서는 키가 큰 식물만 나타나. 종자가 노란색인 식물과 종자가 녹색인 식물을 서로 교배하면 1세대에서는 종자가 노란색인

---

* 알세포가 발달하는 꽃의 암술 부분.

것만 나오지. 키가 큰 형질은 키가 작은 형질에 대해, 그리고 종자가 노란 형질은 종자가 녹색인 형질에 대해 **우성**이라고 하고, 반대로 나타나지 않는 형질을 **열성**이라고 해.

다음으로 멘델은 서로 다른 형질의 식물끼리 교배한 잡종 1세대 자손끼리 다시 교배해 2세대 자손을 만들었어. 그랬더니 놀랍게도 숨어있던 열성 형질이 다시 드러났지. 멘델이 열성과 우성 형질을 갖는 자손의 숫자를 각각 세자 규칙이 드러났어. 전체 자손의 4분의 1에서 열성 형질이 나타났고 나머지 4분의 3에서 우성 형질이 나타났던 거야.

우성 형질을 보이는 1세대만 모아 교배했는데 왜 열성 형질이 나타난 걸까? 또 왜 우성 형질과 열성 형질 자손의 수가 일정한 비율을 이룬 걸까? 그것은 형질을 결정하는 유전인자가 둘씩 짝을 이루기 때문이었어. 그리고 유전되는 특징은 수정에 의해 자손 안에서 다시 짝을 이루기 전에 둘로 분리되어 꽃가루와 알세포에 담기게 되는데 이를 멘델의 제1법칙, 즉 **분리의 법칙**이라고 해.

멘델은 완두의 다양한 특징을 설명할 수 있는 우성과 열성 형질을 확인한 후 여러 특징이 함께 유전되는 경우에 대해서도 연구했어. 이를 알아보기 위해 그는 두 가지 우성 형질(키가 크고 종자가 노란색, 이중 우성)을 가진 식물과 두 가지 열성 형질(키가 작고 종자가 녹색, 이중 열성)을 가진 식물을 교배했지. 그 결과, 키와 종자 색깔이라는

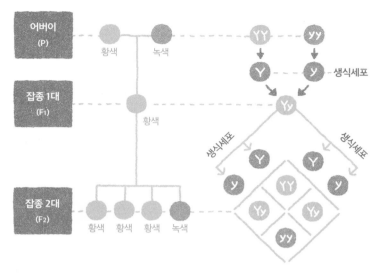

멘델의 제1법칙(분리의 법칙). 한 쌍의 유전인자는 생식세포 안에 둘로 나뉘어 담긴다.

2가지 특징이 서로 건드리는 일 없이 따로따로, 즉 독립적으로 유전된다는 사실이 밝혀졌어.

　이중 우성과 이중 열성을 교배해 얻은 모든 1세대 자손은 이중 우성이었어. 그리고 이들을 서로 교배한 2세대에서는 이중 우성부터 이중 열성, 키가 크고 종자가 녹색인 경우, 키가 작고 종자가 노란색인 경우까지 모든 조합이 나타났어. 그러나 각 특징만 놓고 보면 열성 형질을 드러내는 작은 키 식물과 녹색 종자 식물은 각각 전체의 4분의 1을 차지했지. 이와 같이 각 유전적 특징은 다른 특징과 서로 엮이지 않고 독립적으로 유전되는 유전인자의 쌍에 의해 결정되는데 이를 멘델의 제2법칙, 즉 **독립의 법칙**이라고 부르게 되었어.

유전, 생각보다 복잡하네

멘델은 자신의 연구 결과를 일반적인 법칙으로 발표하기를 꺼려했어. 완두콩은 훌륭한 실험 대상이었지만, 멘델은 어쩌면 여러 가지 결과가 나타날 수 있는 복잡한 형질보다 노란색과 녹색, 큰 키와 작은 키 등 단 2가지 결과만 가능한 형질을 골라 연구했기 때문에 성공을 거두게 된 것인지도 몰라.

하지만 모든 유전적 특성이 그렇게 우성과 열성으로 딱 떨어지게 결정되는 것은 아니고, 겉으로 드러나는 **표현형**과 몸 안에 숨은 **유전자형** 사이의 관계가 모두 그렇게 단순한 건 아니지. 멘델이 죽고 50여 년이 지난 후인 1936년, 완두가 7쌍의 염색체를 갖는다는 것을 알아낸 영국의 유전학자 로널드 피셔(Ronald Fisher)는 멘델의 연구에 재미있는 설명을 덧붙였어.

피셔는 멘델이 사실 훨씬 더 많은 형질을 연구했지만 자신이 이해할 수 있었던 7가지 형질에 대한 결과만을 보고했다고 결론지었어. 그가 덧붙인 설명에 따르면 멘델 본인도 다른 식물 종의 교배나 완두 교배 실험에서 관찰되었던 것보다 복잡한 양상에 대해서는 설명할 수 없었을 것으로 보여.

이렇게 유전 현상이 멘델의 유전 양상에서 벗어나는 것처럼 보이는 이유는 우선 대립유전자[*] 어느 하나가 다른 하나에 대해 완전 우성이거나 완전 열성이 아니기 때문이야. 예를 들어 붉은색 금어초와 흰색 금어초를 교배했을 경우, 제1세대 후손이 모두 분홍색으로 나타나는데 이것은 대립유전자 중 어느 것도 다른 하나에 비해 완전한 우성이 아니기 때문에 표현형으로 부모 세대의 두 색이 섞인 중간 형질을 나타내는 거야. 이것을 중간유전이라고 하는데 앞에서 언급했던 완두의 유전 결과와는 전혀 다르다는 걸 알 수 있지?

　　이번엔 친구들의 혈액형을 조사해 볼까. 사람의 혈액형은 크게 A, B, O, AB 이렇게 나눌 수 있는데 사람의 혈액형도 멘델의 유전 법칙만으로는 설명하기 곤란하다는 것을 잘 알 수 있을 거야. 혈액형의 유전은 A형 우성유전자, B형 우성유전자와 O형 열성유전자처럼 특정 유전자가 하나가 아니라 2개 이상의 대립유전자를 갖지. A형 유전자와 B형 유전자는 모두 O형 유전자에 비해 우성이기 때문에 AO형 유전자는 A형, BO형 유전자는 B형으로 나타나고 OO형 유전자만 O형으로 나타나는 거야.

　　하나의 특징에 2개 이상의 유전자가 관여할 수도 있어. 너희 모두 키에 관심이 많지 않니? 키가 크면 멋져 보이고 인기도 많아져서

---

[*] 대립 형질을 지배하는 한 쌍의 유전자. 염색체 위의 같은 자리에 위치하며, 대개 우성과 열성 관계에 있다.

요즘에는 따로 키 크는 치료도 받는 것 같아. 그런데 키를 결정하는 유전자는 상당히 많아. 생명체가 가지고 있는 모든 유전정보의 총합을 **유전체**라고 하는데, 최근 이 유전체를 활용한 연구에 따르면 키를 결정짓는 데는 180개 이상의 유전자가 영향을 끼친다고 해. 이렇게 여러 요소가 하나의 특징에 영향을 미친다면 유전자 해석 결과를 예측하기 어려워 연구가 많이 필요하지.

사람에 남자와 여자가 있듯이 성별을 결정하는 성염색체에는 X염색체와 Y염색체가 있어. 여성은 2개의 X염색체(XX)를 가지고 있는 반면 남성은 X염색체와 Y염색체를 하나씩(XY) 가지고 있지. 따라서 남성의 정자는 X염색체와 Y염색체를 1개씩 갖지만 여성의 난자는 항상 X염색체만을 갖게 돼. 그러므로 태어날 아이의 성별은 난자와 수정되는 정자의 성염색체에 의해 결정되고, 다시 말해 남성에게 달려 있다고 할 수 있어. 혹시 옛날에는 아들 못 낳는다고 며느리 구박했다는 말 들어본 적 있니? 유전학을 알고 나니 완전히 잘못된 생각이라는 걸 알 수 있지?

성 연관 유전자란 X 또는 Y염색체 상에서 발견되는 유전자를 말해. 사람에게서 대부분의 성 연관 유전자들은 X염색체상에서 발견되지. 남성은 XY염색체를 갖는데 Y염색체는 X염색체에 비해 크기가 작기 때문에 X염색체에 담기는 대립유전자를 갖지 못해. 이렇게 남성은 X염색체상의 유전자들을 1개씩만 갖기 때문에 X염색체

위의 열성유전자들이 표현형으로 드러나기 쉬워. 여성은 X염색체를 2개 갖기 때문에 X염색체상의 열성유전자가 X염색체상의 다른 우성 대립유전자에 의해서 가려지지.

예를 들어 먼저 우성 정상 대립유전자를 갖는 X염색체와 열성 색맹 대립유전자를 갖는 X′염색체에 대해 생각해 보자. 엄마가 우성 대립유전자 염색체만 갖는다면(XX) 아들이나 딸이나 모두 엄마에게서 우성 대립유전자 X만 받겠지? 그런데 아빠의 성염색체가 X′Y라서 색맹이라고 한다면 아들은 아빠에게서 Y염색체를 받으니까 색맹이 아니고(XY) 딸은 아빠에게서 X′염색체를 받지만(XX′) X′유전자가 X유전자에 가려 나타나지 않기 때문에 딸도 색맹이 아니야.

만약 엄마가 색맹이 아니지만 성염색체가 XX′라면, 색맹인 아빠와의 사이에서 태어난 아들은 아빠에게서 정상 Y염색체를 받지만 엄마에게서 X′염색체를 받을 수 있어서 색맹일 확률이 50%일 거야. 딸도 역시 아빠에게서 무조건 색맹인 X′염색체를 받고 엄마에게서는 두 염색체 중 하나를 받을 수 있어서 색맹일 확률이 50%겠지.

멘델은 살아 있다

너무 뛰어난 나머지 살아 있을 때에는 인정받지 못하다가 훗날에야

가치를 인정받고 위인으로 존경받는 역사상의 천재들을 알고 있니? 멘델 역시 자신이 살던 시대보다 훨씬 앞서 있었어. 멘델은 완두콩 실험의 결과를 정리해서 1865년 브륀의 자연과학학회에서 발표했고, 이듬해 이 내용을 바탕으로 〈식물의 잡종에 관한 실험〉이라는 논문을 썼어. 이 논문이 실린 학회지는 과학도서관 약 100여 곳에 비치됐지.

그러나 멘델의 발견을 인정하고 논문을 인용한 학자는 거의 없었고, 그의 소중한 아이디어는 묻히고 말았어. 낙담한 멘델은 더 이상의 교배 실험을 포기하였고, 결국에는 자신이 몸담았던 대수도원으로 돌아가 원장이 되었어.

멘델의 업적은 1900년까지 빛을 보지 못했어. 그러다 그해, 카를 에리히 코렌스(Carl Erich Correns), 에리히 폰 체르마크(Erich von Tschermak), 휘호 더프리스(Hugo de Vries) 등 서로 다른 나라의 생물학자 세 사람이 나름대로 유전법칙을 발견하기 위해 옛 문헌을 조사하다가 멘델의 논문을 접하게 되었어. 그들은 즉시 그 중요성을 알아차렸고 멘델의 유전법칙을 재발견하게 됐지.

멘델이 죽고 16년이 지난 뒤에야 과학계는 무명의 수도사가 얼마나 훌륭한 과학자였는지 이해할 수 있었어. 이후 유전학의 발전은 아마 멘델의 업적을 빼놓고는 이야기할 수 없을 거야. 자신의 시대가 올 것이라고 말한 멘델이 옳았던 거지.

실제로 일어나는 유전 현상은 멘델이 제시한 단순한 유전법칙보다 더 복잡한 경우가 많아. 그러나 그렇다고 해서 분리의 법칙이나 독립의 법칙을 비롯한 멘델의 유전학이 더 이상 중요하지 않다는 뜻은 아니지. 왜냐하면 멘델 유전학의 기본적인 원리들이 더 복잡한 유전 양상에도 적용되기 때문이야.

유전 현상이 멘델의 유전법칙을 벗어나는 것처럼 보여도 대부분 표현형이 다르게 나타나는 것일 뿐 실제로 유전자형은 멘델의 유전법칙을 따른다고 해. 20세기에 들어와 유전학자들이 일반적인 사례뿐만 아니라 멘델이 설명했던 것보다 더 복잡한 유전 양상에 대해서도 멘델의 유전법칙을 확대해서 적용한 것을 보면 멘델이 왜 유전학의 아버지라고 불리는지 이해가 가지 않니?

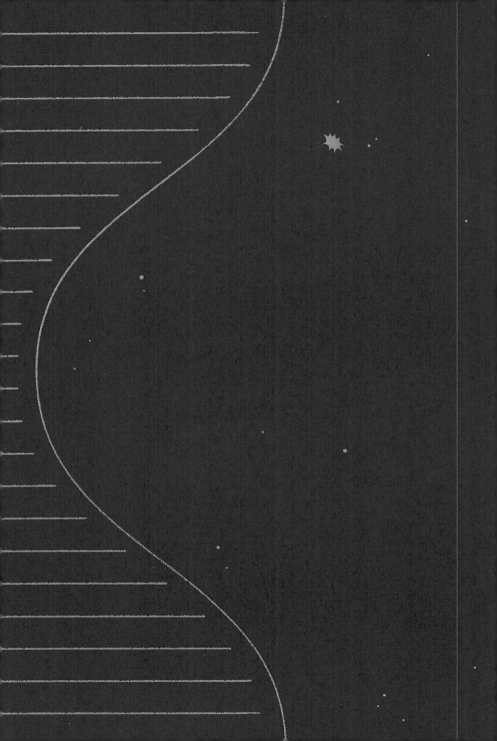

2
염색체,
유전자, DNA

나중에 밝혀지지만, 멘델이 이야기했던 유전인자는 **염색체**에 자리 잡은 **유전자**였어. 먼저 초파리 돌연변이 연구로부터 염색체 안에 유전자가 있다는 사실이 밝혀졌지. 뒤이어 염색체와 유전자가 모두 **DNA**로 이루어져 있다는 사실이 밝혀졌어.

이후 DNA의 구조를 밝히기 위해 여러 학자가 노력했는데 미국의 제임스 왓슨(James Watson)과 영국의 프랜시스 크릭(Francis Crick)이 이중나선 구조를 제시하면서 정설로 인정받게 되지. 염색체와 유전자, 그리고 DNA의 관계는 26쪽의 그림을 보면 한눈에 이해할 수 있을 거야.

1장에서는 멘델의 이론과 그가 발견한 법칙, 그리고 다양한 유전 양상에 대해 알아봤어. 지금부터는 염색체 안에 유전자가 어떻게 존재하는지, 유전자가 무엇으로 이루어져 있는지, 그리고 DNA의 구조를 밝히기 위해 학자들이 어떤 노력을 해왔는지 알아보도록 하자.

유전자와 염색체

요즘에는 휴대폰을 쓰지 않는 사람을 보기 힘들어. 휴대폰이 처음 보급됐을 때는 통화를 하거나 문자 메시지를 보내는 것에 그쳤는데 요즘에는 인터넷 검색도 할 수 있고 돈을 보내거나 물건을 구매할 수도 있고 택시도 부를 수 있지.

하지만 불과 30년 전만 해도 휴대폰이라는 개념을 제대로 아는 사람은 많지 않았어. 걸어 다니면서 전화를 할 수 있다니? 현실과는 너무나 동떨어진 개념이라서 이해하는 사람이 거의 없었고 누구나 쓰게 된 것도 꽤 최근의 일이지.

마찬가지로 이제 우리는 **유전자**가 염색체에 자리 잡은 **DNA** 토막임을 알고 있지만 1860년경 멘델이 '유전인자'가 존재한다고 제안했을 때, 그것은 너무나 추상적인 생각이어서 당시 사람들은 이해하지 못했어.

지금이야 유튜브나 드라마 같은 것을 통해 유전자가 무엇인지

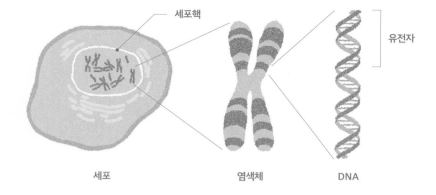

세포핵

유전자

세포　　　　　　　　염색체　　　　　　　DNA

핵 속에 들어 있는 염색체와 유전자. 염색체와 유전자는
모두 DNA로 이루어져 있다.

어느 정도는 널리 알려졌지만, 당시에는 상상하는 데서 그칠 수밖에
없는 이러한 세포 구조에 대해 석학이라고 불리는 사람들조차도 아
는 것이 전혀 없었지.

　　멘델의 유전법칙이 밝혀지기 이전인 1842년, 카를 빌헬름 폰
네겔리(Carl Wilhelm von Nageli)는 나중에 염색체라고 알려진 구조
를 발견하게 돼. 하지만 누구도 염색체와 유전 사이의 연관점을 생
각하지 못했어. 현미경 기술이 발전하면서 세포학자들은 1875년 체
세포가 둘로 나누어지는 체세포분열을, 1890년대에는 염색체가 절
반으로 줄어 나누어지는 감수분열 과정을 처음으로 밝힐 수 있었어.

　　생물체의 새로운 세포는 기존의 세포가 분열해 생기는데, 세포
분열 후에도 염색체 수는 완벽하게 유지되어야 해. 체세포에는 한

쌍의 염색체가 존재하는 데 비해, 감수분열을 거친 정자나 알세포에는 각각 염색체가 절반씩 있지. 수정이 일어나서 정자와 알세포가 합쳐지면 원래의 염색체 수를 회복하는 거야. 멘델이 제안한 유전인자의 행동과 염색체의 행동이 유사하다는 걸 알 수 있지?

1902년경, 월터 서턴(Walter Sutton)과 테오도어 보베리(Theodor Boveri) 등은 각각 이러한 유사점을 발견하고 유전의 염색체설을 주장했어. 이들의 이론에 의하면 멘델이 생각한 유전인자는 염색체 내에 정해진 자리에 있으며, 바로 이 염색체들이 멘델의 법칙에 따라 분리되고 독립적으로 유전되는 것이었지.

초파리의 방

20세기에 접어들면서 어떤 연구자들은 특정 유전자와 특정 염색체가 연관되어 있다는 것을 발견하게 돼. 컬럼비아 대학교의 유전학자인 토머스 헌트 모건(Thomas Hunt Morgan)도 처음에는 멘델의 이론과 염색체설에 회의적인 입장이었지만 초파리를 대상으로 한 실험에서 멘델의 유전인자가 자리한 곳이 염색체라는 확실한 증거를 얻게 되었어.

1장에서도 말했는데, 생물학의 역사를 되돌아보면 멘델이 완두를 선택했던 것처럼 적합한 생물체를 운 좋게 골라서 중요한 사실을 발견할 수 있었던 사례가 많아. 멘델은 완두 종자를 구해다 준 사람에게서 여러 종류의 완두 변종을 쉽게 구할 수 있었지만 항상 이런 행운이 따르는 것은 아니지. 이와 대조적으로 모건은 초파리의 다양한 변종을 찾느라 처음부터 많은 애를 써야 했어.

모건은 실험 대상으로 주변에서 흔히 볼 수 있고 과일즙에서 빨리 자라나는 초파리를 골랐어. 초파리는 한 번의 교배로 수백 마리의 자손을 낳고 2주마다 번식할 수 있다는 장점을 가졌지. 1907년부터 연구를 위해 이처럼 관찰이 쉽고 실험이 간단한 초파리를 키우기 시작한 모건의 실험실은 곧 "초파리의 방"으로 알려지게 됐어.

초파리는 사람이 갖는 염색체 23쌍보다 훨씬 적은 4쌍의 염색체만을 가졌고, 이 염색체들은 광학현미경으로 쉽게 구분돼서 실험에 알맞았어. 또한 이 4쌍의 염색체는 3쌍의 상염색체와 1쌍의 성염색체로 되어 있는데, 암컷은 X염색체 한 쌍을 갖고, 수컷은 1개의 X염색체와 1개의 Y염색체를 가져서 사람과 유사했어.

모건은 유전물질에 변화가 생겨 표현형이 달라진 돌연변이를 찾기 위해 수많은 교배 실험을 수행했어. 현미경으로 초파리 자손 전부를 일일이 조사하는 일은 정말 지루했지. 실험을 오랫동안 반복한 후 그는 실망한 나머지 "2년을 허송세월했어. 초파리를 쉬지 않고 교배했지만 얻은 게 아무것도 없네"라고 탄식했어.

그렇지만 모건은 실험을 포기하지 않았고 마침내 눈 색깔이 흰

수컷 초파리 1마리를 발견했어. 오랜 시간을 들여야 하고 똑같은 과정을 반복해야 하면서도 포기하지 않았던 그의 강한 집념이 마침내 보상을 받은 거야. 모건이 발견한 흰 눈 초파리는 자연발생적인 돌연변이로, 눈 색깔의 유전자가 빨간 색의 정상 대립유전자에서 흰색의 돌연변이 대립유전자로 바뀐 것이었지.

모건은 이 흰색 눈을 가진 수컷과 정상인 빨간색 눈을 가진 암컷을 교배했어. 그 결과 제1세대 후손은 모두 빨간 눈을 가졌는데, 이것은 자연에서 가장 흔하게 관찰되는 표현형인 빨간 눈이 우성이라는 것을 알려주었어. 또 그렇게 얻은 제1세대 초파리끼리 교배시켰더니 제2세대 후손에서는 멘델이 완두 실험으로 찾은 우성과 열성의 비율인 3:1 표현형을 관찰할 수 있었어.

놀라운 건 흰색 눈 형질이 수컷에게서만 나타났다는 거였어. 모든 제2세대 후손 암컷은 빨간 눈을 가졌던 반면 제2세대 후손 수컷의 절반은 빨간 눈을, 나머지는 흰색 눈을 가졌던 거지. 이 실험 결과를 토대로 모건은 초파리의 눈 색깔이 성별과 관련 있다는 결론을 내렸어. 만약 초파리의 눈 색깔이 성별과 관련이 없었다면 흰색 눈이 암컷과 수컷을 가리지 않고 나타났을 거야.

이런 모건의 발견은 유전의 염색체설에 최초의 실험적인 증거를 제공했어. 흰색 눈을 만든 돌연변이가 유전자가 성염색체를 따라간다는 사실은 특정 유전자가 특정 염색체상에 존재한다는 걸 뜻했지.

이 실험으로부터 모건이 이끌어낸 결론은 다음과 같아.

❶ 유전자는 염색체 안에 존재한다.
❷ 각 염색체는 서로 다른 여러 유전자를 가진다.
❸ X염색체의 유전자는 명확한 유전 양상을 보인다.

1933년 모건은 초파리를 이용해 동물의 유전법칙을 최초로 연구한 공적을 인정받아 노벨 생리의학상을 수상했어. 만약 모건이 최초의 돌연변이 초파리를 기다리지 못하고 중도에 그만두었다면 이런 영예를 얻을 수 있었을까? 과학에서 창의력 못지않게 중요한 것은 원하는 결과를 얻을 때까지의 끈기와 노력이야. 혹시 너희 중에 과학에 뜻을 두고 있는 사람이 있다면 이런 점을 생각해 보는 것이 좋겠지.

유전자와 유전병

멘델과 모건은 유전자가 생물체의 특징에 영향을 미칠 수 있다는 사실을 발견했어. 그러나 생물체는 복잡한 방식으로 반응하는 많은 화학물질로 구성되어 있지. 유전자가 어떤 방식으로 생물체의 특징을 결정하는지 확인하려면 화학물질과 유전자가 어떻게 연결되는지 밝혀야 했어. 과학자들은 유전병을 연구하면서 유전자의 작용 방식에 대한 최초의 단서를 얻을 수 있었지.

그 유전 패턴은 1902년 영국 의사인 아치볼드 개로드(Archibald Garrod)에 의해 처음으로 밝혀졌어. 그는 환자와 대화하기도 꺼려할 만큼 소심한 성격이었는데, 그래서 환자를 보는 것보다는 연구하는 것을 좋아했어. 하지만 그 덕에 의학유전학의 기초를 세우는 데 중요한 역할을 하게 돼.

그는 알캅톤뇨증에 걸린 한 어린이 환자와 만났어. 이 병에 걸리면 오줌이 검게 물들고 성인이 된 다음에도 여러 가지 합병증을 앓게 돼. 개로드는 이 질병이 몸에 축적된 색소와 관련이 있음을 발견하고 신체가 색소를 처리하고 제거하는 중요한 화학 반응을 수행할 수 없을 때 발생한다고 주장했지.

신체 대사의 각 반응에 효소 형태의 촉매가 필요하다는 사실을 개로드는 이미 알고 있었어. 그래서 그는 알캅톤뇨증이 색소를 처리하는 효소를 만드는 유전자에 문제가 생겨 발생한다고 제안했지.

멘델의 유전법칙이 재발견된 지 불과 2년 만인 그때, 알캅톤뇨증이 완두가 보여 주는 열성 유전 패턴을 그대로 따른다는 사실이 드러났다면 알캅톤뇨증과 유전자의 관계는 물론, 유전법칙이 그만큼 강력하다는 것을 보여 주는 계기가 되었을 거야. 하지만 그의 주장이 옳았다는 것은 수십 년 뒤에나 밝혀지게 돼.

사실, 개로드의 생각은 그 당시 대부분의 생물학자와 임상의의 생각을 너무 앞서 나갔던 것이었지. 그들은 그의 발견이 이 이상한 장애와 관련이 있기는 하지만 인간 질병에 일반적으로 적용될 수는 없다고 보았어.

하나의 유전자,
하나의 효소

유전자와 효소가 연결되어 있다는 개로드의 주장에는 뒷받침하는 증거가 필요했어. 이 유전학의 중요한 단계는 스탠포드 대학교의 조지 비들(George Beadle)과 에드워드 테이텀(Edward Tatum)에 의해 밝혀졌지. 1941년 함께 세미나를 하던 비들과 테이텀은 유전자의 역할을 알아보는 방법을 깨닫게 돼. 즉 유전자가 작동을 하지 못할 때 어떤 일이 벌어지는지를 알아보면 된다는 것이었어.

모건의 학생이었던 비들은 생화학에 의해 잘 밝혀져 있고 초파리보다 단순한, 뉴로스포라라고 불리는 빵곰팡이를 사용하자고 테이텀을 설득했어. 다른 생물체와 마찬가지로 뉴로스포라가 제대로 자라기 위해서는 아미노산, 비타민과 같은 영양소가 필요하고, 그 외의 나머지 영양소는 자체적인 화학 반응으로 만들어 내. 비들과 테이텀은 곰팡이를 X선에 노출시킴으로써 특정 영양소를 만드는 능력을 잃은 돌연변이 균주를 만들어 냈어.

X선이 유전자를 손상시키면 효소를 만들 수 없게 되고, 효소가 없는 곰팡이는 영양소를 만드는 화학 반응을 하지 못해서 더 이상 자라지 않아. 돌연변이 균주를 하나씩 차례로 연구해서 비들과 테이텀은 특정 영양소를 만들어 내는 유전자가 무엇인지 알아낼 수 있었어. 이들은 각 유전자가 작동해 특정 효소의 생산을 조절한다는 것을 밝혀냈지. 이 공로로 비들과 테이텀은 1958년 노벨상을 수상하게 됐어.

비들과 테이텀의 실험처럼 생물체의 유전자가 어떤 효과를 내는지 발견하기 위해 의도적으로 유전자의 작동을 불가능하게 만드는 이러한 실험을 유전자 녹아웃이라고 해. 정상 생물체와 결과를 비교함으로써 생물학자는 유전자가 기능할 때 무슨 일을 하고 있었는지 추론하지.

초기에 생물학자들은 비들과 테이텀이 빵곰팡이에서 유전자의 영향을 연구할 때 사용했던 것처럼 X선과 같은 돌연변이 유발 요인에 의존해서 연구했지. 오늘날에는 유전공학 기술이나 유전자 가위 기술을 사용해 생물에서 유전자를 보다 정확하게 대체하거나 제거할 수 있어.

이러한 녹아웃 생물체는 암 연구와 같은 의학 연구에 특히 유용해. 유전자 녹아웃을 한 쥐를 통해 유방암 관련 유전자가 어떻게 자연적으로 암적인 종양을 억제하는지 발견해, 유방암과 난소암의 치료법을 찾게 된 예도 있어.

하나의 유전자,
하나의 단백질

하나의 유전자가 하나의 효소와 연결되어 있다는 아이디어는 유전자의 본질을 이해하는 데 획기적이었어. 1950년까지 이어진 생화학의 급속한 발전은 생물의 구성 요소를 결합하고 작동시키는 데 유전자가 얼마나 중요한 역할을 하는지 또다시 증명했지.

생물체는 각각 고유한 역할을 하는 수천 종류의 단백질을 생산해. 효소도 그중 하나야. 그리고 반응을 일으키는 데 관여하는 효소나 생체 신호, 수용체, 항체 등의 역할을 하는 여러 단백질은 모두 유전자에서 유래하지.

즉, 유전자는 단백질을 만드는 방법이 적힌 설계도면이었던 거야. DNA의 한 부분인 유전자는 **암호화**라는 방식을 통해 단백질에 대한 정보를 세포가 읽을 수 있는 방식으로 가지고 있었어.

유전자가 DNA로 만들어졌다는 사실이 밝혀지면서 유전자와 단백질 사이의 관계 또한 많은 부분이 드러났지. DNA와 단백질은 모두 더 작은 물질이 순서에 따라 조립된 긴 사슬 모양의 분자야. 이

조립 순서를 **서열**이라고 하는데 이것이 유전자가 가진 정보의 핵심이지.

이어지는 3장에서 자세히 볼 거지만 DNA에는 염기라는 물질이 서열에 맞춰 늘어서 있어. 세포는 염기의 순서, 즉 염기 서열을 효과적으로 읽고 번역하지. 그리고 이 정보에 맞춰 단백질을 이루는

유전자 안에는 암호화된 단백질의 정보가 담겨 있다.

유전자

이 순서대로 아미노산을
조립하면
단백질이 만들어지지.

세포

아미노산 서열을 만들어. 아미노산 서열은 단백질 사슬의 접힌 모양을 결정하고, 그 모양은 단백질의 기능에 영향을 미치지.

1865년에 멘델은 종자 색깔 같은 완두콩 식물의 특성이 가상의 유전인자에서 왔다고 가정했어. 우리는 이제 이러한 유전인자가 실제로 어떻게 작동하는지 이해할 수 있어. 유전자가 품은 암호화된 정보를 풀어 그 정보에 맞는 단백질을 만드는 거였지. 이 과정을 **발현**이라고 불러.

2010년에 뉴질랜드의 생물학자들은 멘델의 유전법칙을 유전자 수준에서 밝히려고 했어. 그래서 완두콩의 꽃 색깔을 결정하는 효소를 만드는 유전자를 추적했지. 그리고 이 유전자에 돌연변이가 일어나면 효소가 작동하지 않아 꽃이 다른 색으로 변한다는 것을 밝혔어. 유전학 분야의 빠른 발전으로 생물을 구성하는 핵심 정보를 알수 있게 된 거야.

멘델은 선구적인 연구를 통해 훗날 유전자로 밝혀진 유전인자를 별개의 실체로 제시했어. 이어 모건, 비들, 테이텀은 실험적으로, 개로드는 의학적으로 유전자의 기능을 증명했지. 유전학자 리하르트 골트슈미트(Richard Goldschmidt)는 1950년대까지의 이러한 고전유전학의 발전을 '코페르니쿠스, 케플러, 뉴턴의 천체 운동 설명, 갈릴레오의 실험과 다윈의 진화론 확립'에 견줄만한 과학의 도약이었다고 회상했어.

그러나 멘델이 유전학을 개척한 이후로 거의 1세기가 지난 1950년까지도 유전학은 분자 수준에서 연구되지는 않은 채로 남아 있었어. 이후 분자가 모여 형성된 DNA가 유전물질의 본체라는 사실이 인정을 받으면서 마침내 분자생물학의 새로운 시대가 막을 올렸어.

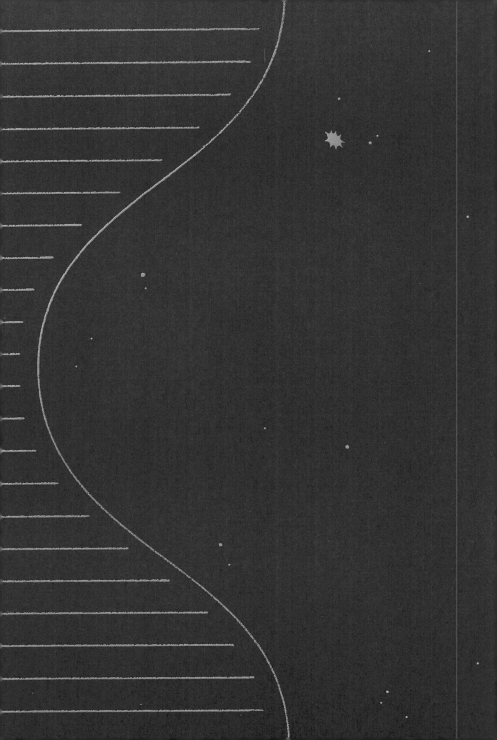

3

DNA의
정체

복제 기술로 공룡이 부활한 영화 〈쥐라기 공원〉 원작 소설의 줄거리는, 4,000년 전 호박 광물 안에 갇혀 화석화된 벌에서 고대 생물체의 염기 서열을 추출했다는 실제 과학 논문에 근거를 두고 있어. 안타깝게도 그 논문에서 고대 생물체의 것이라고 했던 DNA 염기 서열은 사실 실험 도중 오염된 현대 생물체의 것이었지만 말이야.

DNA가 수백만 년 동안 완벽하게 보존되는 일은 거의 없어. 하지만 〈쥐라기 공원〉의 흥행 덕분에 수많은 독자와 관람객은 DNA가 유전물질이라는 사실을 알게 되었지. 이제는 초등학생도 DNA에 관해 어느 정도 이해하고 있을 정도로 DNA는 우리에게 친숙해졌어.

유전물질 DNA

20세기 초, 유전물질의 정체를 밝히는 일은 중요했지만 매우 어려운 과제로 여겨졌어. 그러다 모건의 연구팀이 염색체에 유전자가 존재한다는 사실을 밝히면서 염색체를 구성하고 있던 DNA나 단백질이 유전물질의 가장 유력한 후보로 급부상했지.

이것을 밝힌 몇 가지 실험을 살펴볼까? 1928년, 영국 의사 프레더릭 그리피스(Frederick Griffith)는 폐렴쌍구균을 가지고 실험을 했어. 껍질이 없고 폐렴을 일으키지 않는 R형과 껍질이 있고 폐렴을 일으키는 S형으로 나눠서 말이야. 그런데 살아 있는 R형 세균에 열처리해서 죽인 S형 세균을 섞어 쥐에게 접종했더니 폐렴 증상이 나타난 거야.

폐렴이 걸린 쥐에게서 발견된 모든 폐렴쌍구균은 껍질이 있고 폐렴을 일으키는 S형으로 바뀌어 있었어. 죽은 S형 폐렴쌍구균의 알려지지 않은 어떤 유전물질 때문에 R형 세균이 S형 세균으로 바뀐다는 사실을 확인한 거였지. S형 세균이 R형 세균의 부모는 아니었지만 자신이 가진 형질을 전달하는 유전과 같은 일이 벌어진 거야.

그 후 캐나다의 유전학자 오즈월드 에이버리(Oswald Avery)는 이 형질을 전환하는 물질이 DNA라는 것을 발견했어. 이와 비슷하게 박테리아 세포를 감염시키는 바이러스가 박테리아에 주입하는 유전물질 역시 DNA라는 것을 확인할 수 있었지. 이 두 실험은 DNA가 유전물질이라는 확실한 증거였어.

이후 생물학자들은 DNA가 어떤 구조로 이루어져 있어 유전물질로서 작용하는지 알고 싶어 했어. 다행히 1950년대 초반 당시에

그리피스의 실험. 죽은 S형 세균의 DNA가 쥐의 몸속에서
R형 세균을 S형 세균으로 바꿨다.

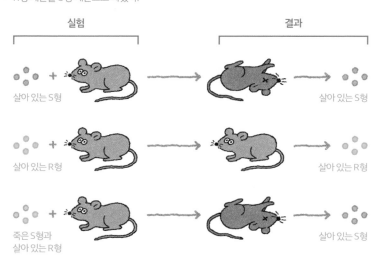

실험	결과
살아 있는 S형	살아 있는 S형
살아 있는 R형	살아 있는 R형
죽은 S형과 살아 있는 R형	살아 있는 S형

는 DNA의 화학적 특성이 비교적 잘 밝혀져 있었어.

DNA는 뉴클레오티드라는 아주 작은 분자가 길게 늘어선 매우 큰 분자야. 각 뉴클레오티드 분자는 인산기와 탄소 5개로 이루어진 당류 디옥시리보오스, 그리고 아데닌(A), 티민(T), 시토신(C), 또는 구아닌(G)이라는 4종류의 염기 중 하나를 포함해. 인산과 당, 염기라는 3부분으로 구성된 물질인 거지.

뉴클레오티드의 인산기와 당 부분이 DNA 분자의 골격을 형성하는 것처럼 보이는 사슬로 서로 연결되어 있다는 사실은 당시에도 알려져 있었어. 그런데 염기가 구조 내에서 어떻게 배치되는지는 아

뉴클레오티드 분자와 DNA의 구조. 뉴클레오티드 분자는
길게 연결되어 DNA를 이룬다.

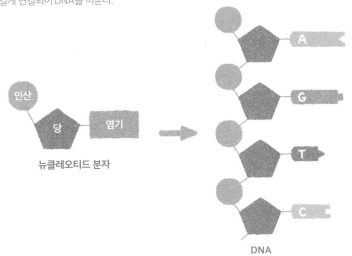

직 모르고 있었지. 과학자들은 세포가 분열할 때 세포의 DNA가 어떻게 복제되어 새로 만들어지는 세포에 정확히 배분되는지도 알고 싶었어.

1950년에 어윈 샤가프(Erwin Chargaff)는 생물체마다 DNA의 염기 비율이 서로 다르다는 것을 밝혔어. 또한 그는 DNA를 이루는 염기인 A, T, C, G에 관해 각 생물체의 A와 T의 양이 항상 같고, C와 G의 양도 항상 거의 같다는 걸 발견했어. 우리는 이것을 **샤가프의 법칙**이라고 불러.

DNA의 구조

과학자들은 DNA의 3차원 구조를 밝히는 데 여념이 없었지. 이 문제에 관심을 둔 과학자들은 서로 간의 경쟁이 극심했는데 그들 중에는 당대 유명한 과학자였던 미국의 라이너스 폴링(Linus Pauling), 영국의 모리스 윌킨스(Maurice Wilkins), 로절린드 프랭클린(Rosalind Franklin)이 있었어.

여기에 DNA 구조라면 물불 가리지 않는 풋내기 과학자였던 제임스 왓슨과 프랜시스 크릭 역시 뛰어들지. 이 두 사람은 샤가프의 법칙을 비롯해 당대 DNA 화학에 대해 알려진 정보와 잘 들어맞는 구조의 DNA 모형을 만들려고 했어.

그 당시 과학자들이 여러 물질의 미세구조를 탐구하는 데 도움을 주었던 X선 결정법은 DNA의 구조를 탐구하는 데도 결정적으로 도움을 주었어. 이 기술은 결정에 X선을 비추고 그 X선이 결정 안에 있는 규칙적이고 반복적인 분자 구조에 의해 어떻게 휘어지는지를 기록하는 기술이야.

샹들리에의 그림자가 벽에 비치는 걸 생각해 보면 이해하기 쉬울 거야. 규칙적으로 반복되는 구조와 가까울수록 X선이 더 휘어지게 돼. 과학자들은 사진판에 소용돌이 모양과 점으로 나타나는 휘어진 X선을 통해 비교적 단순한 무기 결정체의 구조를 알 수 있었어.

과학자들은 곧 X선 결정법으로 DNA를 조사하기 시작했고 윌킨스와 프랭클린 역시 마찬가지였어. X선 결정법으로 만들어지는 이미지는 알아보기 매우 어려웠는데, 해석하기 위해서는 판단력이 예리하고 수학 실력이 좋아야 했지. 오랜 시간에 걸친 세심한 측정과 계산이 필요했거든.

윌킨스의 실험실에서 일했던 프랭클린은 휘어진 X선 사진을 읽고 해석하는 일의 전문가였어. 오늘날에는 고성능 컴퓨터가 X선 회절 패턴을 처리해 주지만, 당시에는 이 모든 것이 수작업으로 이루어졌어.

윌킨스와 프랭클린은 DNA의 X선 사진 결과로부터 바깥 표면에 인산을 가진 나선 구조를 발견했어. 프랭클린은 DNA가 한 가닥이나 세 가닥이 아닌 두 가닥으로 이루어져 있다고 주장하기까지 했지. 윌킨스와 프랭클린은 DNA 분자 모양을 대략적으로 떠올렸지만 다른 일로 바쁜 나머지 연구를 더 진행하지는 못했어.

왓슨과 크릭은 DNA의 구조를 이해하기 위해 주로 윌킨스와 프랭클린의 자료를 이용했어. 그들은 프랭클린의 성과를 요약한 미발표 보고서를 통해 그녀가 DNA의 나선 구조 바깥쪽에 당과 인산으로 이루어진 골격이 있다고 결론지었음을 알게 됐지. 이러한 배열은 비교적 물과 섞이지 않으려고 하는 염기들을 분자의 안쪽에 배치해 바깥의 액체로부터 떨어트리기 때문에 일리가 있었어. 왓슨은 이에 따라 인산을 바깥에 배치하고 염기를 안쪽에 두는 모형을 구축하게 돼.

왓슨과 크릭은 철사, 철판, 볼트와 너트로 모형을 만들어 이리저리 맞춰 보았지. 모형은 DNA라는 새로운 분자를 생생하

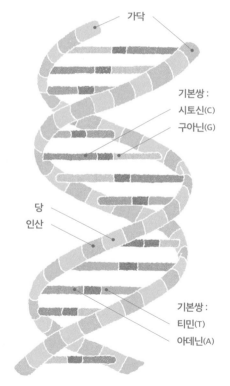

DNA의 이중나선 구조. 바깥의 가닥은 당과 인산으로 되어 있고 안쪽에는 염기인 A와 T, C와 G가 결합되어 있다.

가닥

기본쌍 :
시토신(C)
구아닌(G)

당
인산

기본쌍 :
티민(T)
아데닌(A)

게 이해하는 데 큰 도움을 주었어. 이렇게 조각들을 맞추다 보니 윌킨스와 프랭클린의 측정치가 비로소 확실한 의미를 드러냈지. 왓슨과 크릭은 기본이 되는 뉴클레오티드를 쌓아 올려 단단한 발판이 있는 나선식 계단처럼 배열했어. 계단의 바깥쪽 면은 당과 인산에 해당하고 발판은 염기쌍을 나타내.

A, T, C, G의 비율에 대한 샤가프의 법칙이 의미하는 바를 창의적으로 파악한 것은 왓슨이었어. 왓슨이 A와 T, 그리고 C와 G로 서로 짝을 맞추니 샤가프의 법칙에도 잘 들어맞고, 구조적으로도 깔끔한 이중나선 모델을 얻을 수 있었지.

염기가 쌍을 이룬다는 특성은 왓슨과 크릭이 발견한 것들 중 가장 중요한 거야. 한쪽 가닥에 있는 뉴클레오티드는 다른 쪽 가닥의 뉴클레오티드 서열을 결정하게 돼. 가령 한쪽 가닥의 염기 서열이 AAGGTC이면 다른 쪽 가닥의 서열은 TTCCAG인 거야. 그래서 그 두 가닥을 상보적이라고 말하며, 그것은 서로 같지는 않으나 꼭 들어맞는다는 것을 의미해.

1953년 4월, 왓슨과 크릭은 한 쪽짜리 간단한 논문을 발표해 과학계를 놀라게 했어. 그들은 이 논문에서 DNA 분자 모형을 제시했는데, 이것이 바로 오늘날까지 분자생물학의 상징이 되고 있는 이중나선 DNA 모형이야. 70년이 지난 지금도 이 DNA 모형은 현대생물학의 중심에 있지.

멘델이 생각한 유전인자와 모건이 발견한 염색체 위 인자들은 모두 DNA로 구성되어 있었어. 화학적 관점에서 이야기하자면, 부모님으로부터 온 DNA야말로 우리가 최초로 물려받은 유산인 거지. 그래서 유전물질인 DNA는 우리 시대의 가장 기념비적인 물질이라고 할 수 있어.

DNA는 자연계의 모든 분자 중에서 스스로 복제를 할 수 있는 거의 유일한 분자야. 부모와 그 자손이 닮게 되는 건 DNA의 정확한 복제와 복제된 DNA가 한 세대에서 다음 세대로 전달되는 데 바탕을 두고 있지. DNA에 있는 유전정보는 생화학적, 해부학적, 생리학적 특징, 그리고 어느 정도 행동 특성의 발달까지도 알려줘.

이중나선 모형의 장점은 DNA의 구조 자체가 자신의 복제에 대한 기본적인 원리를 제시한다는 점이야. 샤가프가 밝힌 것처럼 DNA에 A와 T, C와 G라고 하는 염기쌍 결합이 있다는 사실은 왓슨과 크릭이 올바른 DNA 이중나선 구조를 찾아내는 데 영감을 주었지. 동시에 그들은 염기쌍을 이루는 규칙으로부터 기능적인 중요성을 파악하였고 논문의 말미를 다음과 같이 재치 있게 마무리했어.

"우리가 가정했던 특이적 염기쌍 형성으로 유전물질의 복제 원리에 관한 예측이 가능해졌다." 왓슨과 크릭은 그 다음에 발표한 논문에서 새로운 DNA 가닥은 기존의 가닥과 상보적인 가닥을 형성하면서 복제된다는 가설을 언급했어. 이 가설과 DNA 복제에 대해서는 4장에서 더 자세히 설명할게.

문제아 왓슨

왓슨과 크릭은 윌킨스와 함께 DNA 연구로 1962년 노벨상을 수상하게 되지. 가장 공로가 크다고 할 수 있는 프랭클린은 안타깝게도 1958년 38세의 나이에 연구 중 노출된 X선에 의한 난소암으로 세상을 떠나 노벨상 수상의 영광을 누리지 못했어.

학문적 인정을 받지 못한 것만 해도 억울한데, 왓슨은 자신이 1968년에 저술한 《이중나선》에서 프랭클린의 연구 결과를 그녀에게 알리거나 허락을 받지 않고 이용했음을 인정했어. 프랭클린과 함께 일하던 윌킨스가 왓슨과 크릭에게 프랭클린이 찍은 DNA 사진을 몰래 넘겨준 것이었지. 심지어 프랭클린이 속해 있던 연구소의 연례 보고서도 왓슨의 수중에 넘어가게 돼. 거기에는 DNA가 이중나선이라는 정보가 사실상 모두 들어 있었어.

왓슨은 DNA의 구조를 밝히고자 한 연구자들 간 경쟁이 극심했는데 프랭클린이 너무 느렸고, 그녀가 연구를 잘못된 방향으로 추진하고 있었다며 자신의 행동을 정당화했어. 그러나 프랭크린의 전기 《로잘린드 프랭클린과 DNA》를 쓴 브렌다 매독스는 왓슨이 프랭클린의 업적을 강탈했다고 비판하며 그녀의 업적은 진가를 인정받아

DNA의 구조를 최초로 밝힌
왓슨과 크릭의 논문(출처: 네이처)

야 했고, 합당한 명예로 보상했어야 마땅하다고 주장했지.

우리는 다음과 같은 점을 한번 생각해 봐야 해. 왓슨이 프랭클린의 결과를 사용한 것을 어떻게 생각해야 할까? 그것은 강탈이었을까, 아니면 그저 프랭클린의 결과를 본 것뿐일까? 둘 사이에는 어떤 차이가 있을까? 어느 경우든 DNA의 구조를 발견하려는 경쟁이 치열했다고 해서 왓슨의 행동이 정당화될 수 있을까?

프랑스의 미생물학자 앙드레 루오프(Andre Lwoff)는 왓슨이 자신의 책에서 프랭클린의 화장과 옷차림새를 지적한 게 너무 나쁜 일이라고 말했어. 프랭클린이 살던 시대는 여성 교수가 남성과 같은 식당을 사용할 수도 없을 정도로 과학계의 성차별이 뿌리 깊을 때였지. 그렇기는 했지만 특히 왓슨은 성차별적인 언급을 서슴지 않았어.

그런가 하면 왓슨은 인종차별주의적인 발언으로 구설수에 오르기도 했어. 2007년 〈뉴욕 타임즈〉와의 인터뷰에서 그는 아프리카인들의 평균 IQ가 미국인보다 뒤떨어지며, 이러한 차이는 대부분 유전적이라며 자신의 소신에 대해 이야기했어. 하지만 그는 곧 그런 믿음에 과학적 근거가 없다며 사과했고, 케임브리지 대학교 캐번디시 연구소 이사장직에서 물러났지.

그는 2019년 1월에도 PBS 다큐멘터리 인터뷰에 출연해 흑인과 백인 사이에 평균적인 지능 차이를 낳는 유전자가 있다며 인종차별적 견해를 다시 한번 드러냈어. 방송 이후, 그가 명예이사장 직함을 유지하고 있던 콜드스프링하버 연구소는 "왓슨 박사의 진술은 과학적으로 뒷받침되지 않으며, 비난받아 마땅하다"라고 성명을 발표하는 한편 그의 명예 직함조차 박탈해 버렸지.

자, DNA의 이중나선 구조를 밝혀 분자생물학의 발전에 크게 기여한 왓슨의 업적은 그의 성차별주의나 인종주의적 성향과 분리해 평가되어야 할까? 깊이 생각해 볼 문제야.

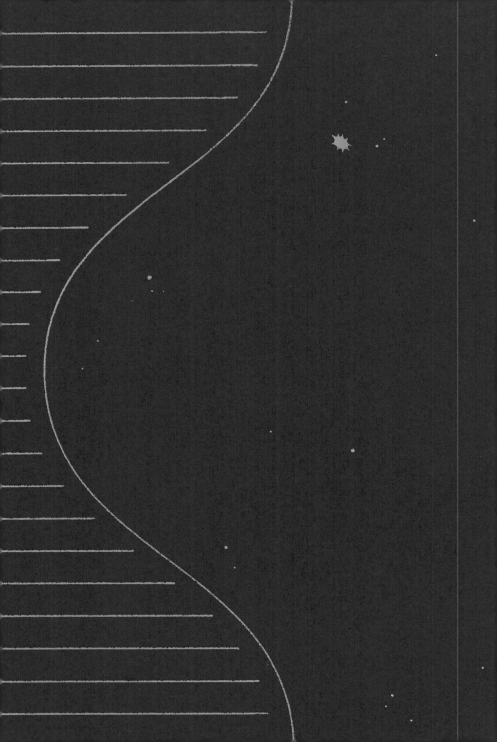

4

유전정보의 발현과 조절

유전정보는 DNA 내의 뉴클레오
티드 서열 안에 암호화되어 있어. 영어에서
26개 알파벳이 순서와 수를 달리해 수많은 단어를 만
드는 것처럼 DNA도 A, T, C, G라고 하는 4가지 염기의 순서
와 수를 달리해 수많은 유전자를 만들 수 있지. 일반적으로 DNA 분
자는 수백만 개의 뉴클레오티드로 이루어져 있어서 그 염기 서열에 엄청
난 양의 정보를 담을 수 있어.
유전정보가 세포 내에서 제 역할을 하려면 단백질로 발현되어야 해. 앞서 말했듯
유전자가 가진 암호화된 정보가 단백질로 변환되어야 하는 거지. 순서를 살펴보면,
먼저 유전정보가 담긴 DNA의 염기 서열과 짝을 이루는 **RNA**˙가 생성되는데, 이 과
정을 **전사**라고 해. 이렇게 탄생한 RNA는 다시 단백질의 아미노산 서열로 **번역**되어
단백질을 만들지. DNA→RNA→단백질로의 이러한 정보의 흐름을 생물학의 **중심
교리(Central Dogma)**라고 불러. 가장 핵심이 되는 원리라는 뜻이야.
생물체의 자원은 한정되어 있기 때문에 여러 분자가 결합한 DNA나 RNA와
같은 생체고분자들은 적절한 양으로 유지되어야 해. 필요하면 합성되고
필요가 없어지면 분해되어야 하는 거지. 이 합성과 분해는 세포 내
의 정교한 원리에 따라 조절이 돼.
유전정보의 발현은 유전자의 염기 서열 이외에도
환경에 따라 달라질 수 있는데, 이것을
후성 유전이라고 해.

DNA의 포장

DNA를 이루는 뉴클레오티드는 0.34nm(나노미터)의 간격을 가지고 있어. 사람의 세포 당 뉴클레오티드가 30억 쌍이라고 하니 한 줄로 모두 이으면 2m나 될 거야. DNA가 담기는 세포핵의 크기는 대개 20~30μm(마이크로미터)에 불과하기 때문에 세포핵 안에 DNA를 집어넣으려면 아주 잘 포장해야 해. 40km에 달하는 얇은 실을 테니스 공만한 컵에 모두 담아야 한다고 생각하면 얼마나 어려운 일인지 알겠지?

이 어려운 일을 해내기 위해 DNA는 단계에 따라 꼼꼼하게 포장돼. DNA는 염색체를 만들기 위해 단백질과 결합하는데, 이 상태를 **염색질**이라고 해. 식물과 동물을 이루는 진핵세포의 염색질은 DNA와 히스톤을 비롯한 여러 단백질로 구성되어 있어. 히스톤은

- 두 가닥이 모여 이중나선을 이루는 DNA와 달리 단일 가닥으로 이루어진 유전물질. DNA 대신 세포핵 밖으로 나가 단백질을 합성한다.

히스톤끼리, 또는 DNA와 결합해 DNA 포장의 기본이 되는 **뉴클레오솜**을 만들지. 뉴클레오솜은 구슬 모양의 히스톤을 DNA가 휘감아 서로 단단히 고정된 모습을 하고 있어. 이렇게 만든 뉴클레오솜을 엉키는 일 없이 차곡차곡 담아 좁은 핵 속에 알맞게 포장한 것이 염색체인 거지.

염색체의 수는 핵을 가진 생물의 종에 따라 달라. 예를 들면 초파리 세포는 대부분의 세포에서 8개 염색체를, 생식세포에서는 4개 염색체를 가져. 사람의 세포는 핵 안에 46개 염색체를 갖는데, 생식세포인 정자와 난자는 이 절반인 23개 염색체를 갖지.

DNA가 염색체로 포장되는 과정.
포장을 위해 DNA는 단백질과 결합해 염색질을 만든다.

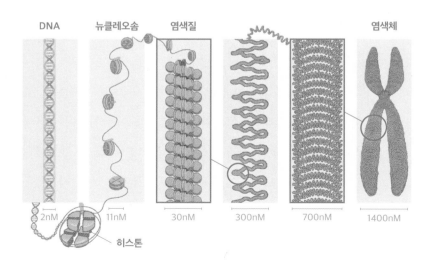

| DNA | 뉴클레오솜 | 염색질 | | | 염색체 |

2nM | 11nM | 30nM | 300nM | 700nM | 1400nM

히스톤

DNA의 복제

DNA의 이중나선 구조가 밝혀지자 과학자들에게는 갑자기 해야 할 일이 많아졌어. 그 중에서 가장 중요한 일은 유전정보가 자손에게 전달되는 방법을 밝히는 것이었어. 세포분열이 일어나는 동안, 어버이 세포의 모든 유전정보가 새로 생긴 딸세포 각각에 전달되기 위해서는 반드시 DNA가 복제되어야 했지.

DNA가 어떻게 복제되는지는 DNA의 구조가 밝혀지고 몇 년이 지나도록 검증되지 못했어. 왓슨과 크릭의 모형은 이중나선 구조 DNA가 복제될 때, 새롭게 생성된 2개의 DNA가 이전 DNA에 존재했던 옛 가닥과 새롭게 형성된 하나의 가닥을 각각 갖는다는 것을 암시하고 있었지. 이중나선 두 가닥을 하나씩 떼어 절반만 가지고 있어도 나머지가 상보적으로 채워지는 거야.

이러한 방식을 반보존적 복제 모형이라고 해. 이 모형은 생각하기에는 단순하지만 검증하기가 쉽지 않았어. 이 의문은 1958년 매슈 메셀슨(Matthew Meselson)과 프랭클린 스탈(Franklin Stahl)의 실험으로 답을 얻게 돼.

DNA는 14N과 15N이라는, 질소(N)로 이름은 같지만 원자량*

---

* 원자의 상대적인 무게.

이 다른 동위원소 형태의 두 원소를 포함할 수 있어. 메셀슨과 스탈은 원심력을 응용해 밀도에 따라 입자를 분리하는 새로운 기술을 써 DNA 분자를 무거운 동위원소와 가벼운 동위원소로 구별했어. 그리고 15N을 포함하는 배양액에서 박테리아를 여러 세대 동안 성장시킨 다음, 14N을 포함하는 배양액으로 옮겼지.

만약 DNA가 두 가닥으로 분리하지 않고 통째로 복제됐다면 기존의 15N만 가진 DNA는 15N만 가진 채로 복제되고, 14N만을 가진 DNA가 새로운 환경에서 생겨났을 거야. 하지만 메셀슨과 스탈

메셀슨과 스탈이 밝힌 DNA 복제 메커니즘. DNA의 두 가닥은 한 가닥씩 나누어지고 나머지는 상보적으로 채워진다.

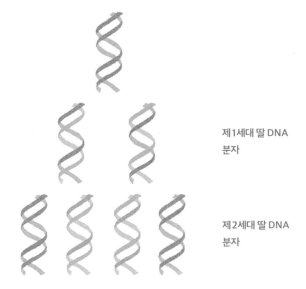

제1세대 딸 DNA 분자

제2세대 딸 DNA 분자

의 예상대로 새 배양액에서 한 번의 복제 주기를 거친 박테리아의 DNA는 15N과 14N을 하나씩 가져, 정확히 높은 밀도와 낮은 밀도 사이 중간 밀도를 갖게 됐지. 이 실험은 왓슨과 크릭의 가설을 우아하고 단순하게 증명했기 때문에 지금도 '생물학에서 가장 아름다운 실험'으로 불리고 있어.

정확한 유전체의 복제와 수선은 생물체가 제 기능을 발휘하고 다음 세대에 정확한 유전체를 전달하는 데 매우 중요해. 그러나 염기쌍 약 30억 개가 제 짝을 맞추어 복제하다 보면 때로는 오류가 생길 수 있겠지? 보통은 세포가 스스로 오류 부위를 잘라내고 교체하며 DNA를 수선해. 따라서 오류가 남아 있을 확률은 매우 낮지만 그래도 종종 남곤 하지.

일단 기존의 DNA 가닥과 일치하지 않는 뉴클레오티드가 복제되면 변이된 염기 서열은 딸분자에 영원히 보존이 돼. 이렇게 DNA 서열에 생기는 영원한 변이를 **돌연변이**라고 부르지. 돌연변이는 한 생물체의 표현형을 바꿀 수 있어. 흰색 눈을 가졌던 초파리 기억하지? 그리고 돌연변이가 생식세포에서 일어나면, 그 돌연변이는 자손에서 자손으로 대물림하게 돼. 이런 돌연변이 대부분은 효과가 없거나 치명적이지만, 어떤 것은 이롭기도 하지. 여기에 대해서는 7장에서 자세히 설명할게. 다시 DNA로 돌아가 보자.

DNA 복제가 세포에서 무한정 일어나는 것은 아니야. 동물과 식물 같은 진핵생물의 염색체에는 유전자를 보호하는 **텔로미어**라는 반복적이면서 짧은 뉴클레오티드 서열이 있어. 유전자가 복제를 거듭할수록 텔로미어의 길이는 점점 짧아져. 이 텔로미어가 얼마 동안 DNA를 복제할 수 있는지 결정하는 거야. 마치 시한폭탄과 비슷하게 작동한다고 생각하면 돼. 텔로미어가 사라져 버리면 세포는 분열을 하지 못하고 수명을 마치게 되지. 텔로미어가 짧아지는 이런 현상은 노화나 수명과 관련이 있어 보여.

진핵생물이 생식세포를 형성할 때 텔로미어는 원래의 길이로 복구돼. 분열할 수 있는 횟수를 다시 회복하는 거야. 생식세포의 경

염색체가 복제할 때마다 짧아지는 텔로미어

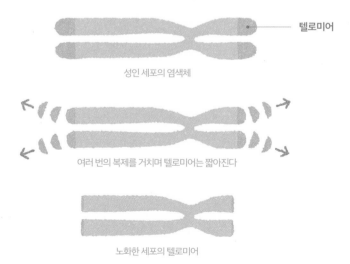

텔로미어

성인 세포의 염색체

여러 번의 복제를 거치며 텔로미어는 짧아진다

노화한 세포의 텔로미어

우, 복구 활성도가 매우 높아 수정란은 가장 긴 텔로미어를 보유하게 되지. 그러나 어린 나이에 노화 현상이 나타나는 조로증을 앓는 아이들은 정상적인 길이보다 더 짧은 텔로미어를 갖고 태어나기도 해. 이런 사람들은 유전자의 정상적인 기능이 방해를 받아 세포와 조직이 태어나자마자 노화하기 시작하지. 결과적으로, 이러한 염색체 이상을 갖고 태어난 아이는 청소년기를 넘길 수가 없단다.

시한폭탄에서 작동하는 시계를 멈춰 폭발을 막듯이, 텔로미어가 짧아지는 것을 막거나 계속해서 재생시킬 수는 없을까? 세포의 시간을 멈추면 세포와 그 딸세포가 정상 세포보다 더 오래 살 수 있을지도 몰라. 그런 세포들은 절대 죽지 않을 거고, 젊음을 유지할 수 있을 것만 같지.

그러나 사실은 그렇지 않아. 불행하게도 절대 죽지 않는 세포들은 큰 문제를 갖게 되지. 이런 세포는 세포분열 후에 자신의 텔로미어를 재생시켜. 언제 분열을 멈추어야 할지 모르는 이러한 세포들은 암이 되고 말지.

유전자의 발현

장기판에서는 왕이 궁궐을 떠날 수 없다는 걸 알고 있니? 게임의 승패를 결정짓는 중요한 말이다 보니 함부로 움직일 수 없는 거야.

DNA도 마찬가지야. DNA가 가지고 있는 유전정보가 워낙 중요해서 DNA는 세포의 핵을 떠날 수 없어. 그런데 세포의 구조와 기능을 책임지는 단백질은 핵 바깥에서만 만들 수 있지. 그래서 DNA는 유전정보를 핵 바깥의 세포질로 전달하기 위해 단일 가닥으로 이루어진 **RNA**를 활용해. 이런 역할을 맡은 RNA를 mRNA라고 하는데, 배달꾼을 뜻하는 메신저(messenger)의 m을 붙인 거지.

유전자는 mRNA 양식으로 유전정보를 전달해 단백질을 합성하도록 프로그램되어 있어. 이 장의 앞에서 말한 DNA → RNA →

DNA의 전사와 번역. DNA의 유전정보는 RNA라는 전달자를 거쳐 단백질을 합성하는 정보가 된다.

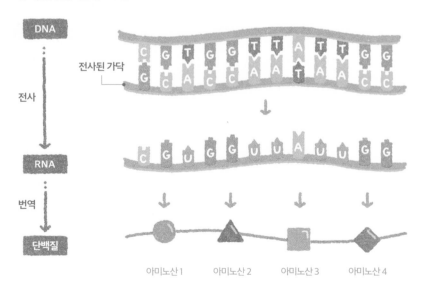

단백질로 향하는 **중심 교리**는 바로 이 과정을 뜻해. 구체적으로는 **전사**와 **번역**이라는 2가지 주요 단계를 밟게 되지. 전사 단계에서 DNA의 유전정보는 mRNA에 기록돼. 전사된 DNA 가닥과 짝을 이루는 염기 서열을 mRNA가 갖게 되는 거야. 다만 mRNA에서는 DNA의 티민(T) 대신 우라실(U)이 쓰여. 이렇게 만들어진 mRNA는 번역 단계에서 염기 서열에 담긴 암호를 단백질의 아미노산 서열로 변환하지. 이 서열에 따라 단백질이 만들어지면 DNA의 발현이 비로소 마무리되는 거야.

유전자의 발현 조절

단세포 생물인 박테리아는 원칙적으로 모든 유전자가 발현되어야 살아갈 수 있어. 그렇지만 필요한 단백질을 모두 들고 다니는 건 굉장히 비경제적이지. 예를 들어 대장균의 경우 젖당이 없는데도 젖당을 분해하는 효소를 갖추고 있는 것은 어리석은 짓이야. 영리한 대장균은 먹이가 있는지 여부에 따라 먹이에 필요한 효소를 그때그때 새로 만들고 필요가 없어지면 분해해. 효소를 만드는 유전자를 켜거나 끄면서 효소의 합성이나 분해를 조절하는 거야.

  이렇게 유전자를 끄고 켤 수 있는 스위치 뭉치를 **오페론**이라고 해. 스위치를 조절해 자원과 에너지를 아낄 수 있는 세균은 그렇지 못한 세균에 비해 진화적으로 유리해. 그래서 필요한 유전자만을 발현하는 세균들이 살아남게 됐지.

동물이나 식물과 같은 다세포 생물에게도 어떤 유전자를 끄고 켤지는 아주 중요한 문제야. 모두 1개의 수정란에서부터 시작했기 때문에 복사된 세포들이 가지고 있는 유전자는 모두 같다고 할 수 있어. 하지만 각 세포마다 서로 다른 유전자가 발현되기 때문에 모든 세포가 각기 다른 구조와 기능을 갖게 되는 거야. 어떤 세포는 피부를 이루고, 어떤 세포는 몸속 신경을 이루는 것처럼 말이야.

사람의 세포는 일반적으로 유전자 중 20% 정도만 발현한다고 해. 근육이나 신경세포와 같이 완전히 분화된 세포는 이보다 적은 수의 유전자만을 발현하지. 몸 안에 존재하는 모든 세포가 동일한 유전자를 지니고 있다는 것은 이미 말했지? 각각의 세포는 자기만의 유전자 조합을 통해 서로 다른 고유한 기능을 수행하게 돼. 따라서 세포 간의 차이는 서로 다른 유전자를 지니고 있어서가 아니라 차등적으로 유전자를 발현하기 때문에 생긴다고 할 수 있어.

이처럼 유전자 스위치 뭉치를 활용해 유전자를 끄거나 켜 발현을 조절하는 일은 세균보다 복잡한 구조를 갖는 생물체에서도 중요한 작용을 해. 결국 단세포 생물이건 다세포 생물이건 세포의 기능을 결정하는 건 적절한 유전자 스위치 뭉치를 발현시키는 일에 달렸다는 거지.

후성 유전의 이상한 세계

유전적인 특징은 주로 유전자의 염기 서열에 의해 결정이 돼. 그런데 꿀벌의 애벌레에게 로열젤리를 먹이면 여왕벌이 되지만 그냥 꿀을 먹이면 일벌이 되는 현상은 어떻게 설명해야 할까? 최근 과학자들은 유전자 염기 서열의 변화 없이 표현형이 달라질 수 있고, 심지어 이런 변화가 몇 세대 동안 전달될 수 있다는 사실을 알아냈어. 염기 서열이 아닌 환경에 의해 표현형이 달라지는 이런 현상을 **후성 유전**이라고 해.

후성 유전은 구체적으로 어떻게 일어날까? 앞서 우리는 진핵세포의 DNA가 단백질과 함께 염색질을 만든다고 했었지. 염색질 안의 히스톤 단백질과 DNA가 화학적으로 특수하게 변형되면 염색질의 구조와 유전자 발현이 모두 영향을 받아. 좀 더 자세히 말하면 히스톤과 DNA의 변화로 유전자 스위치를 끄고 켜는 일련의 화학적 반응이 바뀌면서 유전자의 발현도 달라지는 거야. 이렇게 되면 염기 서열은 그대로지만 발현 여부가 바뀐 후성 유전체가 되지.

이런 염색질 변형은 생물체의 전 생애 동안 작용할 수 있고, 다음 세대에까지 지속적으로 전달될 수 있어. 몇 초 혹은 며칠 작용하고 사라지는 대부분의 유전자 발현 조절과는 다르지.

스트레스나 다이어트, 그리고 임신 시 섭취하는 영양소와 같은 특정한 환경에 따른 영향도 세대를 통해 유전될 수 있어. 쥐들에게 특정한 냄새와 자극을 연결하는 훈련을 했더니 그들의 손자 모두가 이 냄새와 훈련에 반응하는 부분이 커진 뇌를 물려받기도 했어. 이러한 발견은 다음과 같은 도발적인 질문을 낳았어. 사람에서도 부모의 생활 경험 혹은 환경에 의해 발생한 후성 유전학적인 변화가 그들 자손에게 전달될 수 있을까?

아마도 그럴 것 같아. 사람에 대한 실험을 수행하는 사람이 없기 때문에 직접적인 결과를 얻을 수는 없어. 그러므로 여러 세대에 걸친 후성 유전학적인 유전의 증거를 사람에게서 찾으려 하면 상당히 많은 사람이 같은 사건의 영향을 받은 자연적인 사례를 찾아야 할 거야.

이러한 하나의 사례가 스웨덴의 최북단, 노르보텐이라는 곳에서 발견됐어. 아주 최근까지도 노르보텐은 극단적으로 고립되어 있었어. 그 지역으로 들어가거나 그 지역에서 나가는 식량이 거의 없었지. 농작물 작황이 좋으면 사람들은 다음 겨울에 배불리 먹었고 작황이 나쁘면 굶었어.

연구자들은 1800년대의 출생과 사망 기록을 추적해 이것을 노르보텐의 농작물 수확량과 함께 놓고 봤어. 추수를 충분히 많이 한 기간에 살아서 지나치게 많이 먹었을 소년들의 자손은 겨울 동안 거의 굶주리며 보낸 소년의 자손보다 6년, 심하면 32년까지도 수명이 짧았어.

자연적인 사례는 또 있어. 2차 세계대전 말기인 1944~1945년, 독일 기근 시기를 겪은 아버지에게서 태어난 자손들은 영양이 부족하지 않았던 아버지로부터 태어난 자손들보다 비만이 되는 경향이 높았다고 해. 영국의 한 연구에서는 11세 이전, 아주 어린 시절부터 담배를 피우기 시작한 남자들의 아들들은 과체중이 되는 것으로 나타났어.

후성 유전이 노예제, 여성 학대, 식민 지배 등 역사적 경험과도 연관된다고 주장하는 학자도 있어. 왜냐하면 특정 환경에 노출되면 사회적 상호작용과 행동이 상당히 바뀌기 때문이야. 이런 거대한 규모의 사회 경험과 후성 유전 조절을 이해하기 위해서는 훨씬 더 많은 연구가 필요할 것 같아.

불확실한 점도 있지만 후성 유전의 기본적인 작동 원리는 어떻게 환경에 의해 대물림되는 유전적 변화가 유발됐는지를 과학적으로 설명하고 있어. 유전자와 환경 사이 상호작용을 중개하는 후성 유전학적 메커니즘을 통해 환경 인자가 건강과 질병을 만든다는 증거는 동물, 심지어는 사람에서도 많이 찾을 수 있지. 유전학자 모세 스지프(Moshe Szyf)에 의하면 후성 유전은 유전체가 세계를 감각하고 스스로를 바꾸는 생리적 메커니즘이야.

5
사람의 유전

대립유전자는 대개 정상적인 유전자가 돌연변이를 일으켜 생겨나. 그렇게 새로운 대립유전자가 만들어지면 새로운 표현형이 나타나지. 예를 들자면 완두콩의 흰 꽃도 보라색 꽃을 만드는 유전자가 돌연변이를 겪어 나타난 거야. 식물에서는 색깔이나 모양과 같은 특징을 바꿀 뿐이지만, 사람에게서 돌연변이가 일어나면 유전병이 발생하기도 해. 사람은 완두처럼 원하는 대로 실험할 수가 없기 때문에 사람에 대한 유전학을 연구할 때는 **가계도**나 **유전체 분석** 등 여러 다른 방법을 사용해.

사람은 실험 대상이
될 수 있을까?

멘델의 실험을 생각해 보면, 사람은 유전학자가 연구하기에 적합하지 않은 독특한 대상이야. 유전학자들은 중매쟁이가 아니기 때문에, 단지 호기심을 채우기 위해 마음대로 남녀의 짝을 선택해서 맺을 수 없지. 또한 자손을 많이 가지게 할 수도 없어.

유전학자가 할 수 있는 것은 단지 결혼한 사람들이 아이를 낳게 되면 관심 있는 표현형이 발현되는가를 조사하는 것뿐이야. 게다가 남매간에 결혼하는 경우는 없기 때문에, 멘델이 노란색 종자를 가진 완두만 모아 그 자손을 살핀 것처럼 2대 후손, 즉 같은 형질을 가진 부모 사이의 자손을 직접적으로 연구할 수도 없어.

한 쌍의 부부가 10명 이상의 자녀를 갖는 일도 거의 없고 대부분 3명 이하의 자녀만을 갖기 때문에, 구성원 수가 너무 적어 통계를 내기에도 적합하지 않아. 게다가 인간의 평균 수명은 실험하기에는 너무 길어. 부모와 자식 세대의 형질을 모두 관찰하기 위해 유전학자는 자신의 일생을 다 보내야 할 판이지. 그래서 의사나 유전학자들은 빅토리아 여왕 가계의 혈우병을 분석한 것처럼 주로 가족사에 대한 자료 수집과 분석에 의존할 수밖에 없었던 거야.

가족의 유전적 역사, 가계도

인간의 유전을 연구하는 인류유전학은 주로 한 가족을 통째로 연구해 형질이 어떻게 유전되는지 추적했어. 유전학자들은 특별한 유전 형질을 가진 가족을 찾아내 그 가족의 구성원들과 면담하고, 의료 기록을 확인하고, 가능한 많은 구성원을 대상으로 혈액에서 조직 샘플을 채취했어.

　예를 들면, 프랑스의 장 도세 재단은 삼대로 구성된 사례 데이터 61건을 수집했어. 조사자는 기록을 토대로 가족 관계를 나타낸 도표에 출생 순서, 성별, 표현형, 그리고 가능하다면 가족들의 유전자형까지도 나타내는 체계화된 **가계도**를 작성했지.

　가계도는 자손을 낳은 가족의 유전적 특징을 분석해 특정 형질에 대한 한 가족의 역사를 드러내는 그림이야. 가계도를 참조하면 여러 세대에 걸친 부모와 자식 간 상호 관계를 설명할 수 있지. 또 가계도에 나타난 결과를 분석해 어떤 유전자가 우성이고 열성인지를 알 수도 있어. 특정 형질이 여성인지 남성인지에 따라 다르게 나타나는지도 알 수 있지.

가계도에서 각 세대는 독립된 가로 열을 차지해. 조상이 위에 위치하고 가장 젊은 세대는 가장 아래에 배치하지. 남자는 네모, 여자는 원으로 표시해. 형질이 표현형으로 드러나는 사람은 도형 안을 색칠하고, 유전자는 지니고 있지만 겉으로 드러나지 않는 사람을 뜻하는 **보인자**는 도형의 반만 채워 그리지.

조사하고자 하는 대립유전자가 대머리나 곱슬머리처럼 외모에 관한 것이 아니라 장애나 사망을 초래하는 유전병과 관련된 것이라면 가계도는 더욱 중요해지겠지? 역사적으로 가장 유명한 가계도 분석 사례는 근대 유럽 역사에서 찾아볼 수 있는 혈우병의 사례야.

혈우병은 피가 멎지 않는 유전병이야. X염색체에 있는 유전자의 돌연변이로 인해 발생하지. 19세기 영국의 빅토리아 여왕은 아홉 명의 자녀를 낳았고, 그중 한 명인 레오폴드 대공이 혈우병을 앓다 가벼운 상처로 31세에 죽게 돼. 여왕은 이 병을 갖고 있지 않았고 여왕의 조상 누구에게도 없었지. 아마도 돌연변이가 빅토리아 여왕이나 부왕의 X염색체에서 일어났을 것으로 보여.

빅토리아 여왕의 손자 중 3명이 혈우병인 것으로 보아 여왕의 딸 중 그들을 낳은 2명이 이 돌연변이 유전자를 지녔을 것 같아. 이

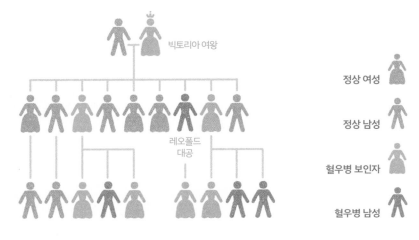

정상 여성

정상 남성

혈우병 보인자

혈우병 남성

빅토리아 여왕

레오폴드
대공

빅토리아 여왕 이후 후손들의 가계도와 혈우병 발생 상황

병은 20세기에 스페인, 독일, 그리고 러시아 왕조로 퍼졌어. 엘리자베스 2세 여왕을 비롯해 현존하는 빅토리아 여왕의 많은 후손은 더 이상 아무도 혈우병을 앓고 있지 않지만, 빅토리아 여왕의 여자 후손 중 일부는 이 유전자를 지닐 가능성이 있어.

오래전부터
알려져 온 유전병

서기 2세기경, 중동의 사막에서 한 유대교 랍비는 고민에 빠졌어. 유대 여인이 아들을 낳았는데, 그녀가 아들이 태어난 지 8일째 되는

날 할례 의식을 행하기 위해 랍비에게 아들을 데려온 거야. 할례 과정은 지금의 포경수술과 비슷해.

초기 부족장 시대부터 반복하여 지켜 온 유대교 전통에 따라 할례를 받지 않은 남자는 신에게 엄숙한 서약을 한 남자로 여겨질 수 없었어. 문제는 이미 이전에 이 여인의 두 아들이 음경의 포피를 자른 후 출혈로 목숨을 잃었다는 거였지. 결국 그 랍비는 다른 랍비들과 상의한 후 세 번째 아들인 이 소년에게는 할례를 면제하기로 결정했다고 해.

그로부터 1,000년이 지난 12세기, 의사이자 신학자인 마이모니데스는 서기 5세기경 탈무드에 기록된 이 사례와 히브리어로 된 랍비 문헌의 다른 사례를 검토하던 중 이러한 경우에는 세 번째 아들의 할례를 면제한다는 규정이 새로 마련됐다는 것을 발견했어. 더욱이 이 예외는 아이가 '첫 번째 남편과의 사이에서 얻어졌든, 두 번째 남편과의 사이에서 얻어졌든' 상관없이 허용됐어.

마이모니데스는 어머니가 출혈 질환 인자를 지니고 있어 아들에게 전해지는 것이 틀림없다고 추론했어. 어떤 문헌에도 부모가 질병을 앓았다는 말은 없었지만 말이야. 유전학을 알 리가 없었겠지만, 이 랍비들은 피가 멎지 않는 질병과 남성에서 주로 나타나는 유전 패턴을 서로 연결시킨 거라고 할 수 있어.

오늘날 이 병은 혈우병으로 알려져 있고 수십 년 전에야 비로소 정확한 생화학적 증상과 유전 방식이 밝혀졌어. 빅토리아 여왕의 후손들을 괴롭히기도 한 이 병은 혈액이 응고하는 데 필요한 특정 단백질이 없기 때문에 일어나. 현재 한국에는 약 1,500명의 A형 혈우병 환자가 있고, 거의 대부분이 남성이야.

혈우병이 없는 사람이 상처를 입으면 약간의 출혈이 생긴 후에 곧 핏덩이가 생겨 추가적인 출혈을 멈추게 돼. 그러나 혈우병 환자는 핏덩이가 형성되지 않고 죽을 때까지 출혈이 계속되지. 아주 사소한 사고라도 이 환자에게는 치명적이야. 멍과 같은 내부 출혈도 매우 심각한 문제지. 관절의 출혈로 인한 영구적인 관절 손상은 혈우병 환자에게 흔히 일어나는 문제라고 해.

유전병의 다양한 사례

오늘날에는 응고인자를 주입해 혈우병을 치료할 수 있어. 응고인자가 되는 단백질은 헌혈로 받은 혈액에서 분리하거나 생명공학 기술로 만들 수 있고 말이야. 그래도 혈우병은 여전히 무서운 병이야. 이런 유전병은 어떻게 생겨나는 걸까?

유전병은 유전자의 돌연변이로 인해 발생해. 이러한 돌연변이는 부모에서 자식으로 전달되지. 1만 가지 이상의 유전병이 단일한 돌연변이 유전자 쌍으로 인해 발생한다고 알려졌어. 유전병 대부분은 성을 결정하는 성염색체를 제외한 상염색체, 즉 사람의 경우 1번부터 22번까지의 염색체 쌍에 있는 유전자의 돌연변이를 통해 유전되지.

하나의 돌연변이 유전자만으로도 질환이 발병하는 헌팅턴병처럼, 때때로 상염색체 유전병은 우성으로 유전되곤 해. 하지만 대부분의 유전병은 열성 유전 방식으로 유전되지. 대립유전자 2개를 모두 열성으로 가진 사람만이 병의 증상을 보이게 되는 거야. 열성 대립유전자를 하나만 갖는 사람은 유전병의 유전인자를 가지고 있을 뿐 병에 걸리지는 않아.

열성 유전 방식의 유전병은 몸의 색소가 부족해 피부암에 쉽게 걸리고 시력에 문제가 생기는 백색증처럼 상대적으로 미미한 증상을 보이는 병부터 낭포성 섬유증처럼 죽음에도 이를 수 있는 병에 이르기까지 다양해. 낫세포 빈혈증과 같은 일부 유전병은 우성과 열성이 불분명한 불완전 우성 유전 방식으로 유전되지.

어떤 유전병은 혈우병처럼 성염색체인 X염색체에 있는 유전자의 돌연변이 때문에 발생해. 여성은 X염색체를 2개 가지고 있어서 X염색체와 관련된 열성 유전병에 걸리려면 양쪽 X염색체에 모두 돌연변이 유전자가 있어야 해. 반면 남성은 X염색체가 하나밖에 없기 때문에 돌연변이 유전자를 하나만 가져도 유전병에 걸리게 돼.

앞에서 이야기한 할례를 면제받은 아이가 갖고 태어난 돌연변이 유전자는 아이의 부모가 이 병을 앓지 않았으니 열성으로 볼 수 있어. 보통 이 병은 아들에게서 발병하고, 이 병을 가진 모든 친척은 이 가계의 어머니 쪽 남자 자손이었지. 이것은 혈액 응고에 관여하는 유전자가 X염색체상에 있기 때문에 그 표현형이 남성과 여성에게서 다르게 나타나기 때문이야.

여자는 X염색체를 2개 갖기 때문에 설사 어머니 쪽에서 돌연변이 X염색체를 받았다고 해도 아버지 쪽에서 유전된 X염색체가 응고 인자 기능을 충분히 제공해. 그러나 남자는 하나의 X염색체를 가지며, 항상 어머니 쪽에서 유전되지. 어머니가 돌연변이 염색체를 가졌지만 증상을 보이지 않았다면 열성 돌연변이 염색체와 그렇지 않은 염색체 중 하나를 받게 될 거고, 50%의 확률로 혈우병을 앓게 되는 거야.

죽음에 이르는 우성 대립유전자는 유전병을 앓게 된 사람이 자식을 낳을 수 있는 나이 이전에 사망하기 때문에 다음 세대로 전달되지 못해. 그 결과 집단 내에서 해당 유전자를 보유한 사람의 비율은 점점 줄어들게 돼. 따라서 치명적이지 않은 유전자와 비교적 늦은 나이에 증상이 나타나는 유전자가 멘델의 유전 방식에 따라 유전하게 되지.

염색체의 수나 구조가 변하는 일도 심각한 문제를 일으킬 수 있어. 염색체 변화는 태어나는 아기 150명 중 1명꼴로 발생한다고 해.

21번 염색체가 하나 더 있는 경우를 다운증후군이라고 하는데, 이렇게 태어난 아기는 정신 장애나 기타 신체적 문제를 일으킬 수 있어. 성염색체인 X염색체를 둘이 아닌 하나만 갖고 태어난 여자아이는 터너증후군을 앓게 돼. 터너증후군을 가진 여자아이는 작은 키인 경우가 많고, 호르몬을 투여하지 않으면 성적 특징을 나타내지 않을 수도 있어.

심장병, 당뇨병, 암, 알코올 중독, 정신 분열이나 조울증과 같은 정신이상, 그리고 그 외에 많은 유전병이 유전 요인과 환경 요인이 함께 작용하는 다인성 유전병으로 알려져 있어. 예를 들어, 여러 유전자가 심혈관 질환의 발병에 영향을 미치기 때문에 어떤 사람들은 다른 사람들에 비해 심장 마비나 뇌졸중에 더 걸리기 쉬워. 그러나 유전자가 어떻든 우리의 생활 습관은 심혈관의 건강이나 다른 표현형에 엄청난 영향을 미치지. 운동, 식이요법, 금연, 그리고 스트레스 상황을 극복하는 능력 등이 심장병이나 암에 걸릴 확률을 낮출 수 있어.

유전병과 유전자 검사

새로 태어날 아기에게 유전병을 물려주고 싶은 사람은 없을 거야. 또 갓 태어난 아기가 유전병을 앓고 있지는 않은지 걱정이 드는 것도 자연스러운 일이야. 배우자를 고를 때 가계에 유전병으로 의심되는 내력이 있는지 알아보는 것도, 아기가 태어나면 할머니, 할아버지가 먼저 손가락과 발가락을 세어 보는 것도 다 이런 생각에서 나타나는 일 같아.

유전병 여부는 태어나기 전에 결정되기 때문에 부모들은 아기가 가진 염색체의 수나 구조의 이상을 확인하기 위해 착상하기 전이나 태어나기 전에 일반적인 유전적 질병에 관한 검사를 하기도 해.

자궁 안 태아 세포 속에 담긴 염색체를 보려면 어떻게 해야 할까? 초기 발달 과정에 있는 태아를 둘러싼 양수를 채취하면 양수 속에 떠 있는 태아의 세포를 통해 염색체를 조사할 수 있어.

염색체 이상을 확인할 때는 완전한 한 세트의 염색체들을 모두 볼 수 있게 나란히 늘어놓는 핵형 분석이라는 검사를 하지. 또한 염색체상의 유전자를 좀 더 자세히 관찰하기 위해 배아 세포에서 DNA를 추출할 수도 있어.

병원에 고용된 유전상담사는 가족들에게서 증상을 보인 특정 유전병을 걱정하는 예비 부모에게 정보를 제공해. 자녀가 유전병을 물려받을 것으로 확인되면, 부모는 유전상담사와 앞으로 여러 해 동안 가족이 겪게 될 일들에 대해 상담할 수도 있지. 아이가 태어난 후에도 2장에서 살펴본 알캅톤뇨증과 같은 여러 질병에 대해 유전자 검사를 할 수 있다고 해.

유전자 검사의
윤리적 문제

유전자 검사를 할 수 있다는 것은 한편으로는 유익하지만, 다른 한편으로는 걱정스럽기도 해. 유전자 검사를 함으로써 유전적 결함을 치유 또는 억제할 수 있다거나, 유전자 검사 결과 돌연변이 유전자를 보유한 것으로 판정이 났지만 아기를 가지기로 결정했다면 그래도 유전자 검사의 의미가 잘 지켜졌다고 할 수 있지.

그러나 유전병은 대부분 완치될 수 없어. 그런데도 조절이나 치료가 불가능한 질병을 조사하는 이유는 뭘까? 큰 이유 중의 하나는 유전 질병을 가진 사람이 이 검사를 통해 아기를 가질지 말지 결정할 수 있다는 거야. 그렇다면 출산 전 검사 결과 유전 질병이 확인되었다고 태아를 유산해도 될까?

이러한 윤리적인 문제들에 대한 해답을 찾을 때 과학은 어떤 역할을 해야 할까? 예를 들어 유전자 검사의 이익과 위험성을 정의할 때 과학은 무엇을 할 수 있을까? 악성 표현형 인자를 검출했다면 무엇을 해야 할까? 이러한 의학적 윤리 문제에 대한 과학의 한계는 무엇일까?

태아의 핵형 분석에서 염색체 이상이 발견되었다면, 먼저 유전 상담사를 찾아가 아기의 출생을 가장 잘 준비하는 방법에 대해 조언을 들어야 할 거야. 만약 태아의 염색체 이상이 심각하다면 임신을 조기에 끝내는 인공유산을 생각해 볼 수도 있겠지. 그러나 이러한 선택은 많은 어려운 문제를 일으키게 돼.

출생 전 진단은 도덕성과 과학 사이 교차점을 보여 줘. 병의 가능성을 알려주는 출생 전 유전자 진단의 유용함은 어느 누구도 부정할 수 없어. 하지만 단순히 태아의 성별을 알기 위해 출생 전 검사를 할 권리가 부모에게 있다고 할 수 있을까? 부모는 태아의 성별이 원하는 성별이 아니라고 임신을 중단할 수 있을까? 요즘은 많이 달라졌지만 실제로 과거 우리나라에서는 남아 선호 사상 때문에 많은 딸이 희생되기도 했어.

더욱이 심각한 비정상에 대해 임신중단을 허용한다면 심각한 비정상은 어느 정도여야 하고, 심각한 정도는 누가 결정해야 할까? 어떤 유전자 결함은 생존을 어렵게 해서, 이런 아이는 오래 살지 못하고 곧 죽게 될 거야. 하지만 다운증후군을 가진 사람 대부분은 중년이 넘도록 살 수 있어. 특별한 보살핌이 필요해서 가족 또는 보호자가 곁에 있어야 하는데 사회적, 경제적 여유가 없다면 어떻게 해야 할까? 우리 한번 2가지 사례를 살펴보기로 할까?

하나는 《아담을 기다리며》라는 책 이야기야. 성공적인 삶을 살고 있던 하버드 대학교의 학생 부부가 뜻하지 않게 아기를 갖게 돼. 이 아기는 다운증후군을 가진 '아담'이었지. 주변 사람들은 다 부부의 장래를 위해 임신중절을 권고하지만 이들은 최종적으로 아기를 갖기로 결정했어.

아담의 출생을 통해 부부 두 사람은 다시 태어났어. 자신들의 삶을 되돌아보고 인생에서 값진 것이 무엇인지 새롭게 깨닫지. 만약 우리가 이 부부의 입장이라면 어떤 결정을 내리게 될까? 이 결정으로 우리가 무엇을 잃고 무엇을 얻게 될지 한번 생각해 보는 것도 좋겠지.

다운증후군 환자를 다룬 독특한 영화 〈제8요일〉에서 우리는 이런 질문을 또 한번 생각하게 돼. 성공한 세일즈 강사지만 아내와 별거하고 자녀와의 관계도 별로 좋지 않은 주인공 아리는 비 오는 밤에 운전을 하다 개를 치고 말아. 그 개는 우연히 수용 시설에서 탈출한 다운증후군 환자 조르주의 개였지.

이렇게 만난 두 사람은 우여곡절을 겪으며 서로를 이해하고 우정을 쌓게 돼. 결국 아리는 가족과 화해하지만 냉혹한 현실을 깨달은 조르주는 주위 사람들을 위해 자신을 희생하기로 결심하지. "빠진 것이 없나 살펴본 뒤 여덟째 날, 신은 조르주를 만들었는데 보시기에 참 좋았더라"라는 내레이션은 이 영화의 주제를 압축했다고 할 수 있어.

조르주를 연기한 파스칼 뒤켄은 실제로 다운증후군 환자였어. 그는 장애를 가졌지만 때 묻지 않고 순수한 다운증후군 환자의 심성을 잘 그려냈지. 이 영화를 통해 우리는 정말 이상한 사람이 조르주인지, 아니면 조르주를 둘러싼 사람들인지 되묻지 않을 수 없을 거야.

이제는 시험관 수정 기술이 진보해서 발달 중인 배아의 일부 세포를 떼어 내 유전자 검사를 하는 것도 가능해졌어. 만일 유전자 검사 결과 적합한 배아만을 착상시키고 나머지는 폐기한다면 어떨까? 배아가 생명이라고 생각하는 사람들은 용납하기 어렵겠지. 또 유전자 검사 결과 적합하지 않은 유전자 결함을 가진 배아를 유전자 변형을 통해 고친다면 어떨까? 과연 인류가 공통적으로 가진 유전자 풀[*]을 건드릴 만큼 유전자 변형이 절박한 것인지 생각해 봐야겠지. 이런 점을 생각하면 유전자 검사에는 과학적 해법의 범위를 넘어서는 어려운 문제가 많다는 걸 다시금 깨닫게 돼.

DTC 유전자 검사

사람들은 자신의 유전적 운명을 알고 싶어 하는 것 같아. 하루가 멀다 하고 쏟아지는 여러 유전자 소식에 우리의 본질이 유전자에 있다고 생각하는 거지. 의료기관을 거치지 않고 자신의 유전정보를 읽을

---

[*] 어떤 생물집단 속에 있는 유전정보의 총량. 유전자 풀이 클수록 유전적 다양성이 높다.

수 있는 서비스도 인기야. 소비자가 직접 의뢰하는 이런 유전자 검사를 DTC 유전자 검사라고 불러.

우선 일반적인 임상 유전자 검사와 DTC 유전자 검사를 나누어 보는 게 좋을 것 같아. 기존의 임상 유전자 검사는 병원 등에서 의사가 진료를 위해 필요한 경우에 실행했지. 의사는 환자로부터 샘플을 채취해 실험실로 보내고, 검사 결과가 나오면 환자와 논의하는 과정을 거쳐. DTC 유전자 검사는 소비자 스스로의 선택에 따라 DTC 유전자 회사에 검사를 의뢰한 다음, 검사 결과를 직접 받아 봐. 종래의 임상 유전자 검사와는 크게 다르지.

2019년부터는 우리나라에서도 의료 기관 이외의 유전자 검사 업체가 소비자를 대상으로 직접 유전자 검사를 제공할 수 있게 되었어. 그렇지만 이 DTC 유전자 검사로 다룰 수 있는 항목에는 한계가 있지. 또 질병의 진단이나 치료 등 의료적 목적을 위한 검사는 의료 기관을 통해서만 가능해.

우리나라의 DTC 유전자 검사는 주로 개인의 특성이나 건강에 관한 웰니스 항목에 대해 정보를 제공하고 있어. 영양소, 운동 능력, 식습관, 피부와 모발의 특성, 여기에 알코올 대사라든가, 니코틴 대사, 수면 습관, 통증 민감도 등을 포함하지.

이외에도 퇴행성 관절염, 멀미, 체지방률 등의 건강관리 항목과 조상 찾기 같은 혈통 검사 등을 포함하고 있어. 2021년부터는 당뇨병, 간암, 대장암, 전립선암, 폐암, 위암, 고혈압, 골관절염, 뇌졸중, 파킨슨병 등 13개 질병에 대한 연구도 시작했어.

DTC 유전자 검사는 사람들에게 유전병이 무엇인지 알리고, 건강과 질병 위험, 다른 형질 특성에 관한 맞춤형 정보를 제공해 건강을 더욱 잘 돌보게 할 수 있어. 또 의료 기관의 승인 없이도 간편하게 DNA 시료를 채취해 결과를 빠르게 받아 볼 수 있고, 각각의 검사 데이터가 더 큰 데이터를 이뤄서 더 나은 의학 연구를 이끌 수 있다는 장점이 있어.

하지만 많은 사람이 이런 방식의 유전자 검사를 우려하고 있어. 특정 질병에 걸릴 것인지 아닌지를 검사 결과가 명확히 말해줄 수 없어서 오히려 혼란을 더할 수 있거든. 게다가 뜻하지 않게 알게 되는 가족 관계나 조상에 관한 정보가 당혹스러울 수도 있어.

의학적으로 중대한 결정을 내리는 데 기초가 되는 정보가 부정확하거나 불완전할 수 있다는 거야. 증명이 부족하거나 타당성이 떨어지는 경우에는 검사 결과가 오해를 일으킬 수도 있어. 더구나 유전정보가 주인이 허용하지 않은 방식으로 쓰인다면 유전자 프라이버시를 침해하게 되겠지.

예를 들자면 알츠하이머와 같이 치료가 불가능한 질병 유전인자를 가지고 있다고 판정을 받은 사람들은 앞으로 살아가는 동안 불안에 떨어야 할지도 몰라. 무엇보다도 염려스러운 것은, 검사를 받는 사람들에게 객관적으로 조언해 줄 제대로 된 전문가를 갖추기도 전에 상업적 검사가 확대되고 있다는 점이야. 이 경우, 검사 결과가 도리어 사람들의 몸에 독이 될 수도 있겠지.

앤젤리나 졸리 효과

2013년, 미국의 여배우 앤젤리나 졸리는 두 유방을 절제해 많은 사람을 놀라게 했어. 그녀가 이런 결정을 하게 된 데에는 그럴만한 이유가 있었지. 유전자 검사 결과, 졸리는 유방암을 유발하는 돌연변이 유전자를 가지고 있었어.

설령 유전자 검사를 받지 않았더라도 졸리는 병에 걸린 가족들의 역사를 통해 이미 자신에게도 암 발생 위험이 높다는 것을 알았을 거야. 그녀의 엄마는 유방암이 있었고 난소암으로 56세에 돌아가셨다고 해. 이모는 유방암으로, 할머니는 난소암으로 돌아가셨지.

졸리는 검사를 통해 암의 징후가 보이기 전이라도 유전자의 염기 서열을 이용해 돌연변이가 있는지 분석할 수 있다는 것과 BRCA1이라는 유전자에 발생한 돌연변이가 가족성 난소암과 유방암의 원인이 될 수 있다는 사실을 알게 되었어.

BRCA1유전자에 해로운 돌연변이가 생긴 여성은 60세가 되기 전에 유방암에 걸릴 확률이 무려 80%에 이르러. 돌연변이가 없는 여성이 유방암에 걸릴 확률이 8%인 것을 감안하면, 엄청나게 위험한 거야. 그렇지만 유방 조직을 절제하면 유방암 발병 확률을 10% 수준까지 낮출 수 있어.

BRCA1 돌연변이 검사야말로 암에 관한 분자생물학 연구가 이룬 대표적인 성공 사례야. 암은 정상 유전자가 발암 유전자로 변하는 돌연변이를 일으키거나, 암을 억제할 수 있는 BRCA1과 같은 유전자가 돌연변이를 겪으면 일어나.

BRCA1은 종양을 억제하는 유전자로서 DNA를 수선하는 데 관여해. 돌연변이로 인해 BRCA1유전자가 만드는 단백질에 결함이

돌연변이 BRCA1유전자의 유방암 유발 과정

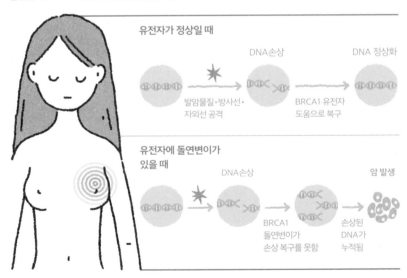

생기면 수선되지 않은 돌연변이가 유방 세포의 DNA에 누적되지. 그 결과, 그중 일부 돌연변이가 세포분열을 조절하지 못해 암세포를 키우게 되는 거야. BRCA1 돌연변이는 난소에도 발현하므로 이런 돌연변이 유전자를 가진 여성은 종종 난소도 제거한다고 해. 졸리도 유방을 제거하고 2년 후 난소를 제거했어.

졸리의 소식을 크게 담은 언론 보도에 학계는 심각한 우려를 표했어. 해당 유전자에 돌연변이가 일어나더라도 암이 100% 발병하는 것은 아니고, 반대로 유전자가 돌연변이를 일으키지 않더라도 암은 발생할 수 있기 때문이야. 실제로 돌연변이라는 문구가 인터넷 검색 엔진에서 그때처럼 인기 있었던 적은 없었다고 해. 암을 걱정하는 여성들의 BRCA1 검사나 유방, 난소 절제 수술이 상당히 증가하기도 했어.

한편 졸리의 이런 발표에 적극 찬성하는 의학계 인사들도 있었어. 그들은 BRCA1 돌연변이 가능성이 높은 여성에게는 유전자 검사를 받도록 하고, 그중 유방암 가능성이 매우 높다고 판단되는 여성에게는 예방적 차원에서 졸리가 한 것과 같은 절제 수술을 받으라고 강력하게 권유했어.

그녀의 발표는 같은 수술 결정을 내리게 된 여성들에게 힘이 되었어. 졸리는 자신의 수술 사실을 알려 당신들만이 홀로 그런 어려움을 겪는 것이 아님을 전해 사람들을 위로했지. 결국 미국 식품의

약국은 2018년 3월, DTC 방식의 BRCA1과 2의 유전자 검사를 승인했어.

이런 유전자 검사의 이익은 누가 거둘까? 환자가 이익을 얻는다고 생각하겠지만 사실은 검사 회사가 가장 큰 이익을 거둬. BRCA1 유전자만 해도, 미리어드라는 생명공학 기업이 가장 먼저 세포에서 분리해 냈는데 그 업체는 이 DNA 서열을 특허로 등록했어. 그래서 처음에는 검사 가격이 엄청나게 비쌌지. 2013년, 미국의 대법원은 그 특허를 무효화했어. 현재는 더 많은 실험실에서 보다 더 저렴하게 BRCA1유전자 검사를 할 수 있게 되었어.

다른 유전성 암에 대해서도 유전자 검사를 할 수 있을까? 전체 암 중 약 10%는 돌연변이 유전자 혹은 종양을 억제하지 못하는 유전자가 유전되면서 발생해. 유방암 상황과 마찬가지로 암 유발 돌연변이를 물려받은 사람은 돌연변이가 없는 사람보다 암 발병률이 훨씬 높지. 수백 개의 유전자 돌연변이를 단 1번의 검사로 검출하는 차세대 염기 서열 분석법이 개발되면서 유전성 암과 관련된 돌연변이가 속속 확인되고 있어. 암 발병 경향을 가진 친척을 검색하는 일도 장차 가능해질 거야.

유전자로 인해 생기는 질병에서 돌연변이의 역할을 정확히 규명해 내는 이러한 작업은 점점 발전하고 있는 분자의학의 모습을 잘 보여 주고 있어. 돌연변이를 확인할 수 있는 기술력은 돌연변이가 일으키는 질병을 보다 더 정확하게 검사하고 진단해 치료할 수 있도록 이끌어 주지. 하지만 이런 과정을 단순하게 생각해서는 안 되고, 분자의학이 주는 이익과 더불어 실제로 어떤 위험성을 갖는지 꼼꼼하게 따져 봐야 해.

6

유전자와
발달

다세포 생물이 수정란에서 시작
해 각각 서로 다른 구조와 기능을 갖는 다양
한 유형의 세포로 변해 가는 과정을 **발달**이라고 해. 사
람도 마찬가지로 엄마의 난자와 아빠의 정자가 만나 수정란이
되었다가 배아, 태아, 신생아, 유년기, 소년기, 청소년기, 성인기 등을
거치며 발달을 하지.

수정란은 **세포분열, 세포 분화, 형태형성**이라는 3가지 과정을 거치면서 개체가
돼. 연속적인 세포분열을 통해 수정란은 많은 수의 세포를 만들어 내지. 세포 분화
를 거치면서 구조와 기능 면에서 특징을 갖는 세포가 되고, 분화된 세포들은 형태형성
을 통해 3차원 공간에 자리를 잡고 기관이나 개체를 형성해.

그럼 무엇이 생물의 발달 과정에 나타나는 다양한 종류의 세포 분화를 결정할까? 각
세포가 서로 다른 유전자를 가지고 있어서라고 생각하는 건 아니지? 앞에서 말한 것
처럼 그럴 수는 없어. 모든 세포는 수정란으로부터 복제된 거야. 그래서 성체가 되
어서도 모든 세포의 유전정보는 수정란이 가졌던 것과 같아.

세포가 서로 다른 구조와 기능을 갖게 되는 것은 4장에서 잠깐 이야기했듯
세포 각각마다 유전자 스위치가 다르게 켜지기 때문이야. 거실 등을 켜
면 거실이 밝아지고, 안방 등을 켜면 안방이 밝아지는 것처럼 어
떤 스위치를 켰는지에 따라 유전자들의 분화 방향도 달
라지는 거야. 그럼 유전자의 스위치는 어떻게
켜질까 또 궁금해지지?

세포의 역할을 일깨우는
유도신호

세포는 자신이 해야 할 역할이 무엇인지, 그리고 자신이 처한 환경이 어떠한지 인식해서 특정한 유전자의 스위치를 끄고 켤 수 있어. 우선 세포는 **세포질 결정 인자**라는 물질의 차이에 의해 자신의 역할을 깨닫게 돼. 각 세포 발달 초기에 난자가 분비하는 세포질 결정 인자가 어떤 세포에는 많이, 또 어떤 세포에는 적게, 즉 불균등하게 분포되기 때문에 세포마다 다른 분화의 길을 걷게 되지.

배아의 세포 수가 늘어날수록 세포 주변의 특정한 환경 신호도 발달에 점점 영향을 미치게 돼. 하나의 배아 세포에 가장 큰 영향을 끼치는 것은 이웃한 세포와의 접촉, 그리고 이웃한 세포로부터 주어지는 유도신호들이야. 유도신호는 궁극적으로 유전자 스위치의 끄고 켜는 방식을 바꿔 세포를 분화하게 하고, 특정한 발생 경로를 거치도록 하지. 이처럼 배아 세포들 간의 상호작용이 분화를 유도하고 우리의 몸과 같은 개체를 구성하는 수많은 유형의 세포를 형성해.

몸의 축을 세우는
형태형성

몸 전체를 이루는 각 조직이 완벽히 제 기능을 하려면 분화 과정에 맞춰 세포들이 정상적인 3차원적 배열을 갖춰야 해. 쉽게 말해 제자리에 놓여야 하는 거지. 이러한 형태 발생 과정을 **형태형성**이라고 해. 건물을 짓기 전에 먼저 앞과 뒤, 그리고 옆의 위치를 결정하는 것처럼, 초기 배아에서 동물의 중심축이 형성되는 시점부터 형태형성이 시작돼. 좌우 대칭 동물을 예로 들면 몸속 기관이 나타나기 전부터 동물의 머리와 꼬리, 좌측과 우측, 그리고 배와 등의 상대적인 위치가 3개의 중심축으로 설정되지.

초파리를 비롯한 여러 절지동물은 일련의 정렬된 마디로 구성되어 있어. 초파리는 머리, 가슴, 배의 3가지 주요한 마디로 되어 있지. 다른 좌우대칭 동물들과 마찬가지로 전후(머리와 꼬리) 축, 좌우 축, 그리고 배복(등과 배) 축을 가지고 있어.

초파리에서도 난자에서 나오는 세포질 결정 인자가 전후와 좌우 축에 대한 위치 정보를 제공해. 세포질 결정 인자를 만드는 암호가 담긴 유전자를 모계 기원 유전자라고 하지. 이 유전자가 돌연변이를 일으키면 어미는 비정상적인 세포질 결정 인자를 만들거나 혹은 아예 세포질 결정 인자를 만들지 못하게 돼. 결과적으로 난자에 문제가 생기겠지. 이러한 난자가 수정하게 되면 발생은 정상적으로 진행되지 못할 거야.

모계 기원 유전자가 만드는 세포질 결정 인자는 배아가 성장하면서 분해되어 사라져. 이후 배아의 유전자가 제공하는 위치 정보들은 훨씬 더 미세하게 작동해 초파리 몸의 마디 수와 각 마디의 정확

형태형성을 좌우하는 세포질 결정 인자. 여기에 돌연변이가 생기면
머리 없이 꼬리만 둘인 배아가 형성될 수 있다.

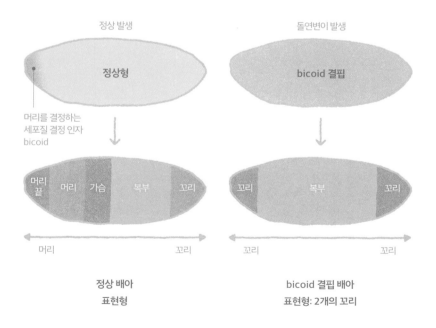

정상 발생   돌연변이 발생

정상형   bicoid 결핍

머리를 결정하는
세포질 결정 인자
bicoid

머리
끝 / 머리 / 가슴 / 복부 / 꼬리   꼬리 / 복부 / 꼬리

머리   꼬리   꼬리   꼬리

정상 배아
표현형

bicoid 결핍 배아
표현형: 2개의 꼬리

한 위치를 설정해. 최종적으로는 각 마디에 특징적인 구조물을 만들지. 이 마지막 단계에 작용하는 유전자에 이상이 생기면, 더듬이 자리에 다리가 달리는 등 성체는 비정상적인 구조를 갖게 돼.

마스터 조절 유전자

단일한 수정란이 세포 30조 개에 이르는 사람으로 발달하기 위해서는 일련의 단계가 필요해. 이런 복잡한 과정 속에서 감독 역할을 하는 것이 바로 **마스터 조절 유전자**야. 마스터 조절 유전자는 다른 세포들 안의 유전자를 켜고 끌 수 있는 중요한 전사 인자의 정보를 암호화해 가지고 있어. 배아가 발달을 시작하면 마스터 조절 유전자는 이 정보를 풀어 다른 유전자를 조절하는 전사 인자를 만들지. 눈이나 신경계, 또는 전체 생물체와 같은 복잡한 구조의 발달을 마스터 조절 유전자 홀로 통제할 수 있는 이유가 이것이야.

미국의 생물학자인 에드워드 루이스(Edward Lewis)는 1940년대에 머리에서 더듬이 대신 다리가 나타나는 괴상한 돌연변이 초파리를 연구했어. 그는 이 초파리의 유전자 지도에서 이 돌연변이를 일으킨 유전자의 위치를 확인했어. 이 결과를 토대로 머리에 자라난 다리라는 발생상의 기형을 특정 유전자와 관련지었지.

이 연구는 유전자가 발생 과정을 지시한다는 최초의 증거였어.

이 초파리는 유전자의 발현을 조절하는 전사 인자에 돌연변이가 발생해 생겨난 거였지. 이 전사 인자의 정보를 암호화해 가지고 있는 유전자가 방금 말한 마스터 조절 유전자고, 이 발견으로 **호메오 유전자**라 불리게 돼. 초파리 머리에 자라난 다리처럼 정상 위치가 아닌 곳에 기관이 생기는 현상을 부르는 호메오시스에서 따왔어. 루이스는 이 호메오 유전자가 초파리의 후기 배아와 유충, 성체에서 몸의 형태형성을 조절한다는 것을 밝혔어.

약 30년이 지난 후 독일의 두 과학자가 초파리의 마디 형성에 관여하는 모든 유전자를 밝혔고, 비로소 초파리의 초기 배아 발생 동안 일어나는 형태형성의 전체 과정을 이해할 수 있게 되었어. 이들은 발달 과정에 영향을 미치는 돌연변이 화학물질을 초파리에 주입해 형태를 형성하는 데 필수적인 유전자가 무엇인지 찾았지.

발생을 조절하는 유전자를 초파리에서 발견한 것을 시작으로 다른 생물의 발생을 연구할 수 있는 길이 열렸어. 과학자들은 다른 많은 생물의 유전자에서 호메오 유전자와 공통적인 서열을 갖는 부분을 찾았어. 이것은 초파리뿐만 아니라 다양한 무척추동물, 척추동물, 심지어는 사람에서도 잘 보존되어 있었지. 더군다나 식물과 조절유전자인 효모 등에서도 똑같이 발견됐어. 이 공통된 부분을 **호메오 박스**라고 불러.

각각의 호메오 박스는 포함하고 있는 유전자의 종류뿐 아니라 배열 순서까지도 유사해. 초파리의 호메오 유전자 배열과 인간의 상동 유전자 배열 순서는 심지어 똑같지. 그래서 초파리를 "날개 달린 작은 인간"이라고 부르는 사람도 있어. 이러한 공통점을 미루어 생각해 보면 호메오 박스의 DNA 염기 서열은 생명 역사의 아주 초기에 진화했고, 수억 년에 걸친 생명체들의 진화 속에서도 큰 변화 없이 그대로 보존됐을 만큼 중요하다는 것을 알 수 있어.

호메오 박스에 속하는 유전자를 **Hox유전자**라 하는데, 이 유전자는 가장 중요한 마스터 조절 유전자야. 이 유전자는 배아 발달 동안에 몸마디의 구조와 구성을 통제하지. Hox유전자가 만드는 단백질은 조절하고자 하는 유전자와 결합해 세포를 활성화하거나 억제하고, 생물체의 발달을 지시해. Hox유전자가 오류를 보이면 기능 장애가 생길 수 있고 심지어는 잘못된 부위에서 신체 부위가 자라날 수 있어.

흥미롭게도, 염색체에 존재하는 이들 유전자의 순서는 그들이 발현되는 순서와 통제하는 체형의 부위에 맞춰져 있어. 101쪽 그림을 봐. 색깔을 갖는 사각형 하나하나가 유전자야. 가장 위의 줄이 초파리의 Hox유전자고, 사람의 유전자 안에 A, B, C, D로 나뉘는 4개 영역을 나타낸 아래 4개의 줄이 사람의 Hox유전자야. 개수는 다르지만 순서와 그에 맞는 몸의 부위가 일치하는 걸 볼 수 있지. 동물 종에 걸쳐 나타나는 유전자들의 이러한 높은 유사성 때문에 연구자들은 초파리와 같은 생물체를 사용해 인간의 발생상 결함과 질환을 연구할 수 있어.

발달생물학자들은 발달을 분자 수준에서 연구하면서 초파리와 생쥐처럼 전혀 비슷해 보이지 않는 개체들 사이에도 공통적인 분자와 발달 경로가 있다는 사실을 발견했어. 연구가 계속되면서 초파리뿐 아니라 포유류, 심지어는 어류에 이르는 다양한 생물 사이에서도 발생의 과정인 분자 변화가 유사하다는 것이 드러났지. 이러한 결과는 생물의 형태가 공동 조상에서 진화했던 것처럼 분자적인 작동원

배열 순서와 그에 맞는 몸의 부위가 유사한 초파리와 사람의 Hox유전자

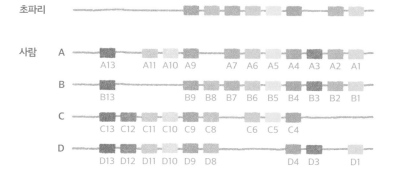

리도 공동으로 이어져 왔다는 걸 알려주었어.

그렇다면 궁금해지지 않니? 서로 다른 동물 종의 유전자가 아주 유사하다면 이 비슷한 유전자들이 어떻게 아주 다른 동물들을 발생시킬 수 있었던 걸까?

진화발생생물학이란?

비밀은 돌연변이에 있었어. 생물의 발달에 관여하는 발생 유전자는 수많은 생물이 유사하게 가지고 있지만, 이곳에 돌연변이가 일어나면 초파리와 인간처럼 몸의 형태가 크게 달라질 수 있어. 연구자들은 이런 종류의 돌연변이가 진화에 영향을 주었을 것이라고 생각했어. 궁극적으로 이러한 생각은 새로운 학문인 **진화발생생물학**을 탄생시켰지. 진화생물학과 발생생물학을 합친 진화발생생물학은 서로 다른 다세포 생물들의 발생 과정을 비교해 새로운 종이 어떤 과정을 통해 출현했는지 연구하는 학문이야.

앞서 봤던 것처럼 우리는 분자 수준에서의 기술 발전과 더불어 그동안 모은 유전체 정보들로 형태적으로 전혀 다른 종들이 유전자 서열과 발현 조절 방식에 있어서 큰 차이가 없다는 사실을 알게 되었어. 진화발생생물학의 목표는 생물의 진화 속에 어떤 발생 과정의 변화가 있었는지, 이 변화가 어떻게 기존의 개체 특성을 바꾸고 새로운 형질을 만들어 냈는지 등을 알아내는 것이야. 이러한 변이에 대한 원인을 알게 되면 지구상에 존재하는 수없이 다양한 생물 형태의 근원과 진화에 대한 질문에 답할 수 있게 되겠지.

생명을 빚는 발생 유전자

이미 살펴본 바와 같이 배아의 여러 부위에서 서로 다른 구조를 발달하게 하는 유전자 스위치는 종에 따라 주요한 형태적 차이를 발생시킬 수 있어. 언제 스위치가 꺼지고 켜지는지, 또 어떤 스위치가 꺼지고 켜지는지에 따라 형태적 변이가 생겨나는 거지. 예를 들어 기린의 목이 긴 것은 다른 포유동물과는 달리 뼈의 성장을 멈추는 신호 전달이 늦어지기 때문이야. 뼈 형성을 조절하는 유전자의 발현 시기에 변화가 생긴 거지. 닭과 오리는 모두 배아 상태에서 물갈퀴를 가지고 있어. 하지만 닭의 물갈퀴 세포는 스위치가 꺼져 사라지는 반면, 오리에서는 그대로 남아 물갈퀴를 가진 채로 태어나게 돼.

유전자의 발생은 제한적이어서 생물이 서로 다른 모습을 갖게 되는 데에는 한계가 있어. 생물체의 형태는 완전히 새로운 유전자가 출현해서 진화하는 것이 아니라 오히려 기존의 유전자와 그 조절 경로가 변형되어 발생하기 때문이야. 따라서 발생 유전자와 그 발현은 주로 다음과 같은 2가지 방식으로 진화를 제한하게 돼. 첫째, 거의 모든 진화적 혁신은 기존에 있던 구조의 변형이야. 둘째, 조절유전자 자체는 진화의 경로에서 잘 변화하지 않아.

때때로 주된 발생학적 변화는 스위치가 언제 어디에서 켜지는지가 아니라 스위치 자체가 변하면서 비롯되기도 해. 이것의 대표적인 예는 절지동물에서 다리의 수를 조절하는 유전자야. Hox유전자의 돌연변이로 절지동물의 다리 수가 다양하게 변했어. 지네류와 같은 절지동물에서는 복부 마디에서 다리가 자라지만 다른 곤충류에서는 그 유전자 자체에 돌연변이가 일어나 복부 마디에서 다리가 자라지 않지.

생물체의 특징은 거의 대부분 조상이 갖고 있던 특성에서 진화해. 새나 박쥐 같은 경우에도 새로운 '날개 유전자'가 갑자기 출현한 것이 아냐. 날개는 기존 구조의 변형으로 생겨났지. 척추동물의 날개는 변형된 팔이라고 할 수 있어.

발생 과정에서의 조절은 생물이 기존의 구조를 잃는 방식에도 영향을 미쳐. 지금 우리가 보는 뱀의 조상은 Hox유전자 돌연변이의 결과로 앞다리를 잃게 되었어. 뒤이어 대부분의 뱀은 다리를 만드는 유전자의 발현을 잃어서 뒷다리가 사라졌지. 보아뱀과 비단뱀 같은 일부 종의 뱀은 골반뼈와 넓적다리뼈의 흔적을 지금도 갖고 있어.

Hox유전자에서 보았듯이 많은 발생 유전자의 뉴클레오티드 서열은 다세포 생물의 진화 과정에서 잘 보존되어 있어. 다시 말해, 이들 유전자는 광범위한 종 사이에서도 비슷한 형태로 존재하지. 발생 유전자가 남아 있기 때문에 같은 조상으로부터 진화한 종 사이에는 비슷한 형질이 반복적으로 진화하는 경향이 나타날 수 있어. 이런 현상을 평행 표현형 진화라고 하는데, 대표적인 예로는 큰가시고기가 있어.

큰가시고기는 바다에 살기도 하고, 강과 호수에 살기도 해. 해양성 큰가시고기는 일생의 대부분을 바다에서 보내지만 번식을 위해서 강으로 돌아오는 반면, 담수성 큰가시고기는 호수에 살면서 결코 바다로 가지 않는다고 해. 또 해양성 큰가시고기는 가시와 외골격이 잘 발달한 데 비해, 담수성 큰가시고기는 이러한 방어 기관의 흔적만을 가지고 있지.

유전학적 증거를 보면 담수성 큰가시고기가 세계 곳곳에서 여러 번에 걸쳐 해양성 큰가시고기로부터 독립적으로 나타났다는 사실을 알 수 있어. 그럼에도 동일한 유전자가 바다와 호수로 나누어진 큰가시고기 집단에서 비슷한 모습을 만들기 위해 진화하였고, 이는 평행진화의 좋은 예야. 아마도 각각의 큰가시고기 집단은 비슷하게 방어 기관을 발달시켰을 거야. 하지만 강과 호수에 살아 포식자가 없던 담수성 큰가시고기에게는 에너지를 써 가면서까지 불필요한 방어 기관을 만들 필요가 없었던 거지.

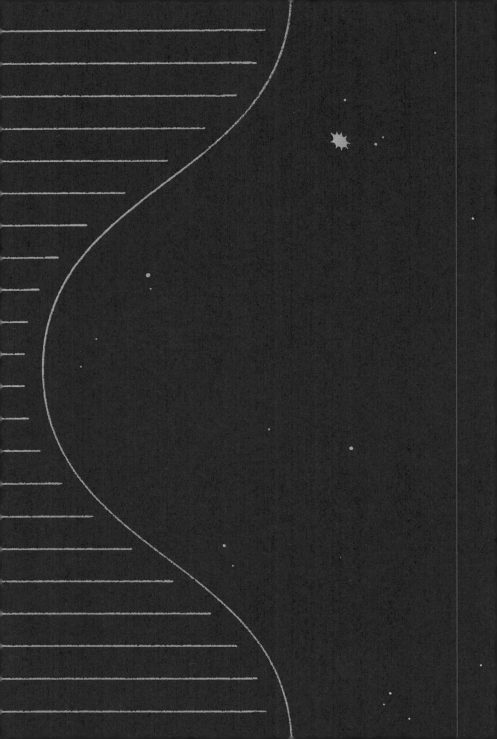

7

유전자와
진화

영국의 생물학자 찰스 다윈(Charles Darwin)은 아마도 역사를 통틀어 가장 위대한 생물학자라고 할 수 있을 거야. 그는 현대생물학의 주춧돌이라고 할 수 있는 **진화론**을 수립했어. 다윈은 변이가 조금씩 쌓여 환경에 유리해진 종이 생존경쟁에서 더 많은 자손을 남긴다고 주장했지. 이것이 다윈 진화론의 핵심인 **자연선택**이야. 그러나 다윈은 생전에 그 변이가 어떻게 일어나는지를 알지 못했어.

후에 진화론과 유전학을 연결해 변이를 만드는 것이 유전자이고 집단의 유전자 풀이 변하면서 종의 진화가 일어난다는 주장이 대두했어. 그리고 이 주장은 진화생물학자들의 현장 연구에 의해 사실로 밝혀지지. 유전자 서열을 비교함으로써 우리는 공통 조상을 갖는 종, 특히 우리 인간이 나타나기까지의 진화에 대해서도 새로운 지식을 얻게 됐어. 그리고 고인류의 DNA를 분석해서 인류사의 잃어버린 과거를 복원할 수 있게 됐어.

아깝다, 다윈!

다윈은 진화론의 바탕이 되는 변이를 연구하기 위해 두 종류의 순종 금어초를 교배하는 실험을 했어. 이 중 하나는 대칭면이 2개 이상인 방사대칭의 비정상적인 꽃이 피는 종류였고, 다른 하나는 대칭면이 하나뿐인 좌우대칭의 정상적인 꽃이 피는 종류였어.

첫 번째 교배로 얻은 자손에서는 방사대칭인 꽃이 없었어. 다윈은 이렇게 교배해 얻은 1세대 자손에서 하나의 형질이 다른 것을 억제하는 현상을 우세라고 불렀어. 현재는 이를 우성이라고 부르지. 그는 멘델과 비슷한 실험을 했지만 멘델과는 달리 법칙을 발견하지 못했어.

다윈이 유전의 수수께끼를 풀려고 노력하던 때인 1865년, 멘델은 7년간의 연구를 마치고 그 결과를 브륀에서 열린 자연과학학회에서 발표했어. 청중으로 모인 그 지역의 과학자들은 그들이 듣고 있는 말의 의미를 전혀 이해하지 못했지. 그들은 형식적으로 박수를

친 다음 그 당시의 새로운 개념인 **자연선택**에 관해 집중적으로 토론했어.

멘델의 단 하나뿐인 논문은 이듬해 학회의 논문집에 인쇄되어 널리 배포되었어. 그 논문을 본 당시의 학식 있는 과학자들은 멘델의 첫 발표를 들은 청중들만큼이나 당황했고, 마찬가지로 크게 관심을 갖지 않았어.

멘델의 논문은 요약되어 식물 육종에 관한 대형 백과사전에 실리기도 했어. 하지만 세계는 여전히 침묵할 뿐이었지. 아무도 오스트리아 수도사의 실험과 분석이 가진 중요성을 생각하지 않았어. 1865년 당시 사람들의 사고는 20세기의 생물학을 받아들일 준비가 되어 있지 않았던 거야.

나중에 학자들이 조사해 보니, 다윈의 서재에도 그 당시 호프만이라는 독일학자가 편집한 식물 육종에 관한 백과사전이 꽂혀 있었어. 다윈은 책의 여백에 직접 메모를 남기기도 했지. 하지만 정작 멘델의 논문이 실린 페이지에는 아무런 표시를 하지 않았어. 아마도 다윈은 이 페이지를 건너뛰었거나, 그 중요성을 미처 알아보지 못했던 것 같아.

이제 와서 역사를 가정해본들 소용없겠지만 그가 멘델의 업적을 알아차렸더라면 금어초에 관한 자신의 연구 결과도 다시 보았을 것이고, 그랬다면 좀 더 확신을 갖고 자신의 진화론을 설명할 수 있었을 거야. 멘델의 논문만 눈여겨봤다면 막막하고 불안하게 헤맨 몇 년이라는 시간을 덜 수도 있었던 거지. 그러나 안타깝게도 다윈은 멘델의 간단하지만 깊은 생각을 이해할 수 없었어.

다윈은 분명히 멘델과는 다른 방식으로 생각했던 것 같아. 멘델은 통계를 잘 아는 초기의 수리생물학자 중 하나였을 뿐만 아니라 거대한 문제를 작게 나누어서 해결해 나가는 방법을 알았어. 반면 다윈은 깊고 넓은 생각을 하는 게 주특기였고, 서로 관계가 없어 보이는 미세한 것들을 큰 체계 속에 끼워 맞추는 능력이 있었지.

다윈은 그 당시 유행했던 융합유전설로 변이의 축적을 설명하려고 했어. 마치 서로 다른 색깔의 잉크를 뒤섞었을 때 색이 합쳐지는 것과 같이 어버이의 혈액 혹은 유전 형질이 자손에 섞여서 나타난다고 믿었지. 그러나 비판자들이 지적한 바대로 융합유전설은 변이가 남아서 축적되는 것을 설명하지 못했어. 왜냐하면 어떠한 변이도 융합되어 달라질 것이기 때문에, 자연선택과 융합유전이 함께 작용할 수 없었거든.

다윈은 비판자들에게 해답을 줄 수 없었어. 하지만 그가 쓴 《종의 기원》은 날개 돋친 듯 팔려 나갔고 결국 다윈은 획득 형질의 유전 가능성에 점점 더 많은 비중을 두기 시작했지. 획득 형질은 개체가 평생 동안 살면서 얻은 형질을 뜻해. 획득 형질의 유전은 그렇게 얻은 형질이 자손에게 전달될 수 있다는 걸 의미했지. 이 학설은 당시에는 인기가 좋았지만 현재에는 대부분 폐기되었어.

다윈은 실패했지만 다행히 1900년대 초기, 다윈 이론의 중요한 전환기를 마련한 멘델의 논문이 재발견되면서 유전학의 발전 토대가 갖춰져. 멘델의 발표로부터 35년이 지나는 동안 과학은 더욱 발전했고, 무명의 수도사는 당대 최고의 과학자가 되었으나 이미 16년 전에 죽고 없었지. 20세기에 멘델의 유전학은 자연선택설에 적용되었고, 상당히 퇴색했던 다윈의 명성도 다시 높아지게 되었어. 과학계는 유전자에 매료되었고, 자연선택과 관련이 깊을 것이라고 생각하기 시작했지.

1940년대에 이르러 에른스트 마이어(Ernst Mayr)와 그의 동료들은 마침내 유전학과 진화의 원리를 종합했는데, 이것이 **신종합설**이야. 신종합설은 유전과 진화의 많은 부분을 설명했으며 앞으로 진행될 연구를 위한 여지를 남겼어. 신종합설이 밝힌 진화의 원리는 다음과 같아.

앞에서 본 것처럼 생물체가 제 기능을 발휘하고 다음 세대에 정확한 유전체를 건네주는 데 있어서 유전체를 정확하게 복제하고 수선하는 일은 매우 중요해. 교정과 수선 후에 오류가 발생할 확률은 매우 낮지만 그래도 일어나곤 하지.

이렇게 생기는 DNA 서열의 영원한 변이가 바로 돌연변이였던 걸 기억하지? 돌연변이는 무작위적이고 방향성 없는 DNA 구성의

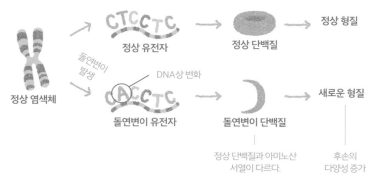

정상 염색체
돌연변이 발생
CTCCTC 정상 유전자
정상 단백질 → 정상 형질
DNA상 변화
CACCTC 돌연변이 유전자
돌연변이 단백질 → 새로운 형질
정상 단백질과 아미노산 서열이 다르다.
후손의 다양성 증가

종의 다양성과 진화의 근원이 되는 돌연변이

변화야. 돌연변이는 한 생물체의 표현형을 바꿀 수도 있고 자손에서 자손으로 대물림될 수도 있어.

대부분의 돌연변이는 생물체에 중립적이거나 해롭지만, 일부 돌연변이는 특정 환경에서 이로울 수 있어. 드물게 발생하는 돌연변이가 진화에 원료를 제공하는 거야. 어느 경우든, 돌연변이는 진화 과정 동안 자연선택이 작용할 수 있는 변이의 근원이 되고, 결국에는 신종의 출현을 일으킬 수 있어.

만약 유전체의 복제와 수선이 완벽해 돌연변이가 발생하지 않았다면 진화나 새로운 생물 종의 출현은 없었을 거야. 복제와 수선 과정의 정확성과, 비록 낮은 확률이지만 무작위로 발생하는 돌연변이 사이의 균형이 오랜 기간에 걸쳐 종의 진화를 유도해 오늘날 지구상에서 볼 수 있는 풍부한 종 다양성을 이끌었던 거야.

핀치의 부리

다윈의 진화론이 정말 맞는지 현장에서 확인하고 싶어 한 과학자들이 있었어. 프린스턴 대학교의 생태학자인 피터 그랜트(Peter Grant)와 로즈메리 그랜트(Rosemary Grant) 부부였지. 이들은 에콰도르 해안에서 1,000km 떨어진 갈라파고스군도의 핀치 새를 연구했어. 다윈이 처음 연구 대상으로 삼았기 때문에 다윈의 핀치라고 불리는 이 새들은 갈라파고스에 우연히 정착한 남미의 단일 종으로부터 여러 모습으로 분화되어 있었어.

오늘날 다윈의 핀치는 모두 가장 가까운 본토의 친척뻘 종과는 아주 다른 14종이 존재해. 갈라파고스군도의 섬들은 핀치 새가 거의 옮겨 다니지 못할 만큼 충분히 서로 떨어져 있었지. 또한 환경 조건이 섬에 따라 크게 달랐는데 어떤 섬은 비교적 평지이면서 건조했지만, 어떤 섬은 숲이 우거진 산이 경사를 이루고 있었어.

다윈의 핀치들은 모두 크기와 색깔이 비슷했지만 먹이원, 행동, 그리고 우는 소리가 서로 달랐어. 그랜트 부부는 특히 측정하기 쉬운 먹이원에 주목했어. 씨앗을 먹는 종들은 씨앗을 채취하고 부수기 쉽도록 부리가 적응했지. 큰부리핀치와 중간부리핀치는 부리가 커서 크고 단단한 씨앗도 부술 수 있었어. 작은부리핀치와 날카로운부리땅핀치는 큰 씨앗을 잘 부수지는 못했지만 작은 씨앗을 더 능숙하게 다뤘지. 큰선인장핀치와 보통선인장핀치는 선인장의 열매를 열어서 씨앗을 뽑아내는 데 적응해 있었어.

싹을 먹는 종인 초식핀치는 가지로부터 싹을 잡아떼어 내는 데 적응해 있었지. 벌레를 먹는 종의 부리는 종류와 크기가 서로 다른 벌레를 여러 방법으로 잡기 때문에 모양이 다양한 것이 특징이었어. 큰나무핀치는 두툼한 부리를 이용해서 나뭇가지를 후벼 그 속의 애벌레를 잡았고, 작은나무핀치와 중간나무핀치는 나뭇잎에 붙어 있거나 틈 속에 숨은 벌레를 잡았지. 딱따구리핀치는 긴 부리를 이용해 죽은 나무의 틈새 또는 나무껍질 속의 곤충을 잡아먹었어. 코크스핀치와 휘파람핀치는 식물 표면에 있는 곤충을 순식간에 낚아채 잡았어.

그랜트 부부는 30년 이상 다윈의 핀치를 수집하고, 무게를 재고, 몸길이를 측정하고, 개별적으로 표시를 한 후 이들을 갈라파고스군도의 작은 두 섬에 놓아줬어. 그리고 각 새의 후손에게도 같은 작업을 반복했지. 1990년 이후에는 DNA 분석도 함께 수행했어. 동시에 이들은 갈라파고스군도의 강수량과 식생, 열매의 다양성, 열매의 많고 적음, 그리고 열매의 크기를 측정했어.

오랜 기간에 걸친 그들의 연구는 과거 300만 년 동안에 공통 조상으로부터 다윈의 핀치 14종이 어떻게 나뉘어졌는지 알아내는 것을 목표로 했어. 그동안 수집한 다윈의 핀치에 대한 자료와 생태적

정보로 인해 그랜트 부부는 갈라파고스군도에서 일어나는 단기적인 자연 현상을 분석할 수 있게 되었어. 이들은 심각한 가뭄, 비정상적인 폭우 등 기후가 급격히 변할 때마다 그 전후로 새들을 비교해 여러 세대에 걸친 진화적 변화에 대한 자료를 수집했어.

진화를 관찰하고자 한 그랜트 부부는 왜 여러 세대의 핀치 새를 연구했을까? 진화에 관해 흔히 하는 오해 중 하나는 어느 한 생물 개체가 진화를 겪는다고 생각하는 거야. 자연선택이 개체에 작용하는 것은 사실이야. 각 개체가 가진 형질은 다른 개체들의 형질과 비교되면서 유리한 것과 불리한 것으로 나뉘고, 그 개체의 생존과 번식 성공에 영향을 줘. 그러나 자연선택이 진화에 끼치는 영향은 생물 집단에서 일어나는, 오랜 시간에 걸친 유전적 변화에서 또렷하게 드러나. 조금 말이 어렵지? 아래에 예시를 들어 볼게.

그랜트 부부는 식물의 씨앗을 먹이로 삼는 중간부리핀치를 살펴봤어. 1977년 대프니메이저섬에 사는 이 핀치 새는 오랜 가뭄으로 많은 수가 죽었어. 중간부리핀치가 먹이로 삼는 작고 부드러운 씨앗이 가뭄 기간 동안 줄었기 때문이었어.

대부분의 다른 핀치 새는 주변에 더 풍부한 크고 딱딱한 씨앗을 먹고 살았어. 크고 두꺼운 부리를 가진 새들은 큰 씨앗들을 쪼갤 수가 있었고 이로 인해 작은 부리를 가진 새들에 비해서 높은 비율로 생존할 수 있었지. 이 새들의 부리 크기는 유전되는 형질이었기 때문에 그 다음 세대의 부리 크기 평균은 가뭄 이전 세대에 비해 더 커졌어.

이 핀치 집단은 자연선택에 의해 진화했어. 그러나 개개의 핀치들이 진화한 것은 아니야. 각각의 새들은 특정 크기의 부리를 가졌을 뿐이고, 가뭄 기간 동안 그들의 부리가 더 자란 것은 아니었지. 그보다는 집단 내 큰 부리를 가지는 개체들의 비율이 세대를 거치면서 증가했어. 그 집단이 진화한 것이지, 집단에 속하는 구성원 개체들이 즉각적으로 변하거나 진화한 것은 아니었지.

1982년과 1983년 사이에는 강력한 기상 이상 현상인 엘니뇨가 일어나 8개월 동안 대프니메이저섬에 엄청난 비가 내렸어. 폭우는 이 섬에서 핀치 새가 먹을 수 있는 열매의 종류를 바꾸어 놓았어. 폭우가 내리기 전에는 크고 딱딱한 열매가 많았는데 폭우가 내린 후에는 작고 연한 열매가 더 많아졌지.

이러한 먹이원의 변화로 작은 부리를 가진 핀치 새가 더 큰 부리를 가진 핀치 새보다 유리해졌어. 작은 부리를 가진 핀치 새가 먹이의 대부분을 먹었기 때문에 더 많은 자손을 낳았지. 그 결과 1984년에 살았던 중간부리핀치의 평균 부리 너비보다 1987년에 태어나서 자란 성체의 평균 부리 너비는 작아졌어.

생물공학의 혁명은 핀치 새의 진화에 관한 그랜트 박사 부부와 그의 동료들의 연구를 더욱 심화시켰어. 예를 들어 2004년 학자들은 핀치 새 부리의 발생에 영향을 주는 유전자의 발견을 보고했지. 가장 넓은 부리를 가진 종은 좁은 부리를 가진 종보다 이 유전자를 더 일찍, 더 많이 발현했어. 부리 발생에서 이 유전자의 역할을 확인하기 위해, 닭의 배아에서 이 유전자를 더 많이 발현하게 했더니 태어난 닭의 부리가 더 넓고 깊어졌어.

그랜트 박사 부부가 갈라파고스군도에서 수집한 자료는 유전 형질이 단기간의 기후변화에, 심지어 자연적인 조건에 반응해 실제로 측정 가능한 진화를 일으킨다는 것을 분명히 보여 주고 있어. 오늘날 기술의 발달로 다윈의 핀치에서 여러 세대 동안 관찰한 형질과 이 형질의 발생에 관여하는 유전자를 연결할 수 있다는 것이 놀라울

진화를 거친 핀치 새 부리의 다양한 모습

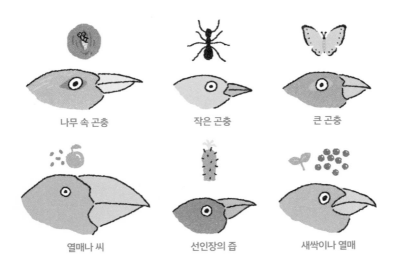

나무 속 곤충

작은 곤충

큰 곤충

열매나 씨

선인장의 즙

새싹이나 열매

따름이야. 앞으로의 발전에 따라 특정 유전자가 집단 안에서 얼마나 나타나는지, 그 빈도까지도 추적할 수 있을 거야. 다윈이 150년 전에 시작한 여행이 또 다른 발걸음을 내딛게 되는 거지.

유전체의 비교

생물 종은 하나의 공통 조상으로부터 일정한 속도로 변이를 축적해 점차 유전적으로 다른 종이 되어 가. 따라서 이론적으로는 공동 조상으로부터 가까운 두 종에 이르기까지 경과한 시간의 길이를 측정할 수 있어. 종 사이의 유사성을 뻗어 나가는 나무의 형태로 그린 **계통수**에다 시간이라는 요소를 더할 수 있는 거야.

최근에는 유전체의 염기 서열을 측정하게 되면서 이런 작업이 훨씬 수월하게 이루어지게 됐어. 유전체가 생명체 유전정보의 총합이었던 게 기억나니? 통째로 측정되고 축적된 유전체 서열들은 엄청난 정보들을 포함하고, 우리는 이제 막 그 정보들을 발견하고 있어. 그 자체로도 흥미로운 유전체 정보는 이제 진화와 여러 생물학적 과정에 단서를 제공하는 수준에 이르렀지.

두 종 사이 유전자와 유전체의 염기 서열이 비슷할수록 두 종은 진화적으로 가까운 거야. 진화적으로 가까운 종들 간의 유전체를 비교하면 최근의 진화 과정에 대해 알 수 있고, 진화적으로 멀리 떨어

진 종끼리의 비교를 통해서는 먼 고대의 진화 역사를 짐작할 수 있
어. 어떤 경우에도 공유되고 있는 특징이나 독특한 다양성은 생명과
진화를 이해하는 데 도움이 돼. 종들 간의 진화적 연관 관계를 담은

생물의 진화 과정을 나무의 형태로 그린 계통수

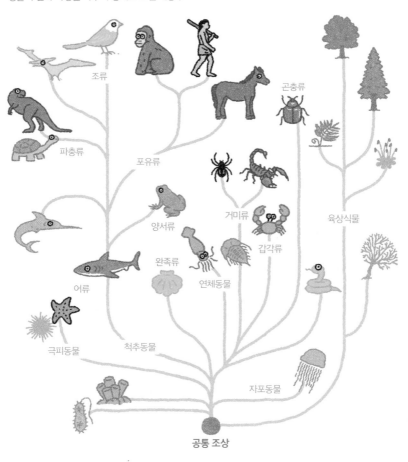

계통수의 각 가지가 뻗어 나오는 지점이 새로운 계보가 출현하는 지점이야.

한 가지 예를 들어 볼까? 인간 유전체를 해독하는 사업이 염기 서열을 규명하는 기술의 발달에 힘입어 2003년에 완성되었어. 그리고 2년 후인 2005년에는 침팬지의 유전체 전체가 해독되었지. 그 결과 인간과 침팬지는 약 600만 년 전에 공동 조상으로부터 분리되었다는 추정을 할 수 있었어. 이제 인간의 유전체와 침팬지 유전체를 염기 하나하나의 수준에서 비교하는 것이 가능해졌고, 따라서 이 두 유인원류가 어떤 유전적 차이를 갖는지에 대한 의문에 구체적으로 접근할 수 있게 된 거야.

2012년에는 보노보의 전체 염기 서열이 규명되면서 침팬지와 보노보 사이보다 사람과 침팬지 혹은 사람과 보노보 간 염기 서열이 더욱 가깝다는 것이 밝혀졌어. 이 3종의 염기 서열을 비교하면 좀 더 상세하게 진화의 역사를 재구성할 수 있겠지.

염기 서열의 규명에 따른 유전적인 차이가 각 종에서 나타나는 분명한 특징적 차이를 어떻게 설명해 줄 수 있을지는 아직 몰라. 인간과 침팬지의 표현형이 다르게 나타나는 이유를 찾기 위해 생물학자들은 인간과 침팬지 간 차이가 나는 유전자를 다른 포유류들과 비교하는 작업을 수행하고 있어. 이 방법을 통해 다른 포유류에 비해 인간에서 빠른 속도로 진화하는 유전자들을 발견할 수 있었지. 이 유전자 중에는 말라리아나 결핵에 내성을 갖게 하는 유전자와 뇌의 크기를 크게 만드는 유전자 등이 포함되어 있어.

고인류의 유전체

사람과 침팬지, 보노보의 유전체 서열을 해독하는 데서 그치지 않고, 2010년에는 현 인류와 계통수상에서 가까운 고인류인 네안데르탈인의 유전체 연구 계획이 발표되었어. 이 연구를 주도한 스반테 페보(Svante Paabo)는 2022년 노벨 생리의학상을 수상했어.

호박 보석에 들어 있는 모기가 빤 피로부터 DNA를 추출해 공룡을 부활시킨다는 영화 〈쥬라기 공원〉의 상상력으로 고대 DNA 연구가 시작됐지만, 화석에서 DNA를 추출해 연구하는 것은 아주 어려워. DNA는 매우 안정적인 분자이지만 화석 형성 과정에서 부드러운 조직과 세포의 대부분이 부서져 없어지고 그 내용물도 주변의 다른 생물들에 의해 분해되고 말지.

이런 이유로 고대 DNA에 대한 연구는 얼어붙은 조직이나 뼈의 내부처럼 비교적 온전하게 보존되어 있는 물질에 집중됐어. 현대 분자생물학 기술은 이제 아주 적은 양의 고인류 DNA를 증폭해 염기서열을 추측할 수도 있지. 하지만 수백만 배로 증폭하기 때문에 DNA 분자 1개만 오염돼도 실험을 망칠 수 있어. 이런 점 때문에 고인류의 DNA 연구는 여전히 아주 어려워. 정말 노벨상을 받을 만한 일인 거지.

국제 연구팀이 참여한 네안데르탈인 유전체 프로젝트는 5만 년 전 유럽에 살았던 네안데르탈인 DNA 서열을 분석하는 데 성공했어. 그리고 그 결과로부터 네안데르탈인 DNA의 99% 이상이 인간 DNA와 동일하다는 사실을 밝혀냈지. 네안데르탈인은 인간과 같은 분류인 Homo의 일부였던 거야. 특정 유전자와 돌연변이를 중심으로 인간과 네안데르탈인의 유전체를 비교하는 연구가 진행 중인데, 벌써 몇 가지 흥미로운 사실이 드러나고 있어.

인간은 독특한 DNA 서열을 가졌고 동시에 네안데르탈인도 고유한 서열을 갖고 있어. 인간과 네안데르탈인의 유전체 서열은 매우 유사하지만, 염색체 배열과 점 돌연변이*에서 차이를 보여. 현대인에게서 발견되는 네안데르탈인의 DNA는 인류와 네안데르탈인이 서로 짝을 짓고 살았음을 알려주는 증거야.

그 중에서 네안데르탈인에게서만 발견되는 MC1R유전자는 피부와 털 착색에 관여한다고 해. 연구진은 이 유전자의 점 돌연변이를 배양한 세포를 통해 MC1R단백질을 만들었어. MC1R단백질은 사람에서 창백한 피부와 붉은색 털을 만드는 것으로 알려져 있지.

•   DNA 염기 서열 속 한 염기가 달라져 생기는 돌연변이.

이 실험에 근거해 생각하면, 어떤 네안데르탈인은 창백한 피부와 붉은색 털을 가졌을 것으로 추정할 수 있어.

FOXP2유전자는 조류와 포유류를 포함한 많은 생물에서 발성에 관여해. 이 유전자의 돌연변이는 사람에서 심각한 언어 장애를 일으키지. 네안데르탈인의 FOXP2유전자는 사람과 동일하지만 침팬지와는 약간 달라. 이로부터 네안데르탈인은 언어를 구사했을 것으로 추측할 수 있어.

고대 DNA와 그 표현형 발현을 환상적으로 재구성하는 연구는 다른 많은 종에서도 이루어지고 있어. 세포 안에 핵이 없는 세균인 고세균과 핵을 가진 진핵생물 등의 유전체를 비교해 보면 이들 그룹은 20억에서 40억 년 전에 나누어졌다는 것을 추정할 수 있고, 이들이 생명의 근원임을 알 수 있어. 대장균을 비롯한, 원시적인 핵을 갖는 원핵생물 여럿과 옥수수, 초파리, 생쥐, 원숭이 등을 포함하는 다양한 진핵생물에 대한 유전체 해독도 완료되었어.

이러한 유전체 정보는 그 자체로도 흥미로울 뿐 아니라 진화와 여러 생물학적 발달 과정에 대한 통찰을 제공해. 인간과 침팬지의 유전체 비교를 넘어 다양한 유인원류와 다른 생물체들과의 유전체 비교를 통해 각 그룹을 특징짓는 유전자군을 찾아낼 수도 있다고 해. 또한 세균, 고세균, 곰팡이, 버섯 등이 속하는 균류, 그리고 식물 등의 유전체를 비교하면 아주 오랫동안 진화적으로 그대로 보존된 유전자와 유전자 산물에 대한 정보를 얻을 수도 있지.

여러 종의 유전체 해독이 완성됨에 따라 유전자 총합의 성질과 상호작용 등을 연구할 수 있게 되었고 이를 **유전체학**이라고 부르게 되었어. 이러한 접근에 의해 엄청난 양의 정보가 쌓이고 있지. 이 정보들을 분석하기 위해 생물정보학이라는 분야도 생겨났어. 생물정보학은 계산학을 응용해 생물학적 데이터를 분석하는 학문 분야야.

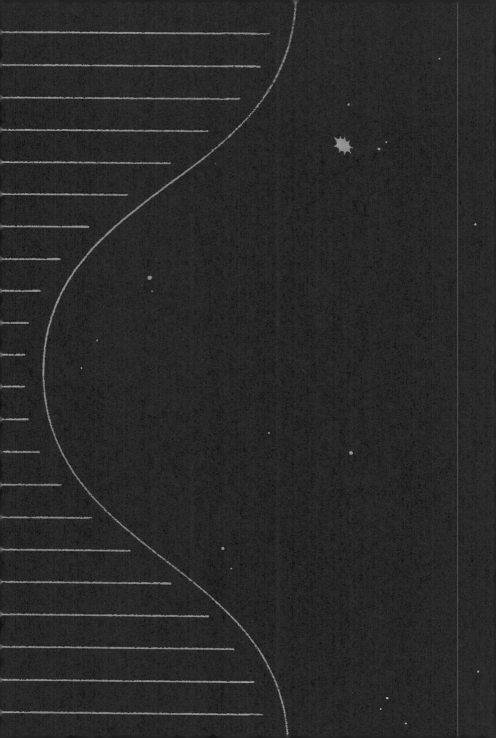

8

유전자의 힘

이제 이 책을 마무리해야겠어. 이제까지 우리는 유전자를 주로 생물학적인 측면에서 살펴보았어. 그런데 유전자는 생물학적인 범주에서만 그치지 않고, 문화에서 상징적인 힘을 발휘하거나, 실제로 우리의 행동을 지배하는 법칙이 되려 하고 있어. 이런 점을 몇 가지 측면에서 살펴보고 유전자를 바람직하게 다루는 방법에 대해 생각해 보자.

이기적 유전자

리처드 도킨스(Richard Dawkins)는 《이기적 유전자》라는 책에서 자연선택이 유전자의 수준에서 일어난다고 주장했어. 도킨스는 동물행동학자로서 남을 생각하는 이타성의 진화가 유전자 수준에서 일어난다는 점을 주장하기 위해서 책을 썼지.

하지만 정작 그 책이 유명해진 것은 '이기적 유전자'라는 강렬한 제목과 "우리는 유전자라는 이기적인 분자를 보존하기 위해 맹목적으로 프로그램되어 움직이는 로봇과 같다"라는 과격한 표현 때문이었어.

'이기적 유전자'라는 개념은 원래 진화생물학자 윌리엄 해밀턴(William Hamilton)과 조지 윌리엄스(George Williams)가 1960년대에 먼저 제시한 것으로서 도킨스는 흥미로운 설명을 덧붙여 대중에게 널리 의미를 알린 것뿐이라고 해.

유전자를 자연선택의 가장 기초 단위로 볼 수 있는 이유는 유전자만이 오랜 세대를 거쳐 이어질 수 있는 분자이기 때문이야. 그리고 오랜 세대를 거쳐 이어질 수 있는 유전자야말로 유리한 표현형을 통해 진화적 성공을 거두는 유전자라고 할 수 있지.

도킨스는 동시에 유전자만이 다윈의 이론이 그리는 세계의 전부가 아니라는 사실을 좀 더 적극적으로 보여 주고자 했어. 그는《이기적 유전자》초판 말미에 문화 현상에서 인체의 유전자와 같은 역할을 맡는 **밈**(meme)이라는 개념을 설명하고 있지.

그가 자부심을 가지고 2판에 새로 추가한 내용은 '확장된 표현형' 개념이야. 성공적인 유전자는 표현형이 효과적일 수 있도록 노력하지. 이러한 유전자의 영향은 신체의 장벽을 넘어 서식장소 등에까지 적용될 수 있고 이는 유전자의 표현형이 확장된 것에 해당해. 조금 과장해서 말한다면 세상 전부를 유전자로부터 시작하는 확장된 표현형의 범주에 포함시킬 수 있겠지.

'이기적인 유전자'라는 생각은 많은 사람의 찬사와 비판을 동시에 받았어. 도킨스 자신은 '이기적'이라는 말을 '자연선택에 의해 자기 복제물을 다음 세대에 널리 전파하고자 하는'이라는 의미로 사용했다고 극구 해명했지만, 이에 동의하지 않는 사람들은 그를 극단적인 유전자 결정론자로 비판하기도 했어.

인간이 이기적인 유전자의 생존 기계이며 운반자라는 도킨스의 말에 우리는 동의할 수 있을까? 물론 도킨스가 말하는 유전자는 과학적인 용어라기보다는 은유에 가깝겠지만, 이와 비슷하게 우리가 갖는 신체적, 정신적인 특징을 유전자 탓으로 돌리는 일이 유행처럼 번지고 있어.

예를 들어 볼까? 영국 에든버러 대학교의 알렉산더 와이스(Alexander Weiss) 박사는 행복을 결정하는 데 부모로부터 받은 유전적 요인이 약 절반 정도 작용한다고 주장했어. 환경이나 개인의 노력은 나머지 절반 정도를 좌우할 수 있다고도 말했지. 이런 말은 개인의 생물학적 특성뿐만이 아니라 행복이나 성공도 유전자가 결정한다는 생각을 부추기고 있어. 과연 그럴까?

유전자의 탓

2013년도 통계지만, 전국 중고등학생 7만 2,000명을 조사해 보았더니 정상 체중인 여중고생 35.6%, 그러니까 한 3분의 1가량이 자신은 비만이라고 응답했대. 건강한 사람도 날씬한 아이돌이나 연예인을 보면 저절로 나는 왜 이렇게 살이 쪘을까 하고 착각을 하게 되는 것 같아. 특히 십 대 때는 몸에 관심이 많을 때거든.

지방 대사에 결정적 역할을 하는 유전자를 누군가 발견하기라도 하면 살을 빼고자 운동하는 일도 없어지고, 눈치 보는 일 없이 초콜릿을 잔뜩 먹게 될지도 몰라. 비만증의 원인이 유전자에 있다면 뚱뚱해지는 것을 막기 위해 할 수 있는 일은 거의 없을 테니까 말이야. DTC 유전자 검사 항목에도 비만이 포함되어 있을 정도지만, 비만을 유전자 탓이라고만 할 수는 없어.

2019년 7월, 영국의학회지에서 과학자들은 몸무게가 늘어나는 것은 음식을 많이 먹고 운동을 덜 하는 생활 습관 탓이니, 비만을 유전자 탓으로만 돌리면 안 된다고 지적했어. 많은 사람을 대상으로 한 이 연구에 따르면, 1975년과 비교해 비만율은 3배까지 치솟았지만, 이런 경향은 유전자의 차이와 상관없이 모두 동일하게 나타났다고 해.

얼핏 보면 비만의 이유는 간단해 보여. 자기가 소비하는 것보다 많은 열량을 섭취하게 되면 사람의 몸은 남는 열량을 지방으로 바꿔 저장하지. 이렇게 지방이 쌓이면 몸무게가 늘어나는 거야. 식단 변화도 비만에 영향을 미치는 것 같지만, 앉아서 생활하는 습관이나 몸 안의 독소 축적, 장내 미생물 변화와 같은 생물학적 환경 변화도 원인이 될 수 있다고 해. 이런 관점에서 보면, 사람의 유전자는 몸무게와 별로 상관이 없는 것처럼 보여.

하지만 비만에는 실제로 유전자와 환경이 종합적으로 영향을 미친다고 해. 몇 가지 유전자가 비만과 관련이 있지. 한 가지 대표적인 예로는 식욕 억제를 도와주는 호르몬인 렙틴의 정보를 암호화해 가지고 있는 유전자를 들 수 있어. 이 유전자에 돌연변이가 일어난 사람은 포만감을 느끼기 어렵고 과식을 해 비만이 되기 쉬워.

어떤 경우에는 환경적 요인도 사람이 물려받는 유전자의 발현에 영향을 줄 수 있어. 예를 들어 과학자들은 엄마가 탄수화물을 부족하게 섭취하면 나중에 태어날 아이가 비만이 될 가능성이 특히 높다는 사실을 밝혔어. 연구 결과에 따르면 엄마의 자궁 환경이 발달하고 있는 아이의 유전자 발현 양식을 영구적으로 변형시킨다고 해.

태아는 엄마의 양분으로 자신이 태어날 환경을 짐작해 대비하는 것 같아. 새로 태어나는 아기의 몸은 살아남을 수 있는 가능성을 높이고자 출산 전부터 유전자 발현에 변화를 일으키는 거지. 그 결과, 낮은 열량을 섭취하는 환경에 대비한 태아가 실제로 식량이 풍부한 환경에 태어나면서 높은 확률로 비만이 되는 거야.

유전자는
행동을 결정할까?

최근 유전학자들은 행동의 생물학적인 근원에 다시 관심을 갖기 시작했어. 20세기 초만 하더라도 행동유전학자들은 인간의 유전자를 개량하고 싶어 하는 우생학자 쪽에 속해 있었지. 그러나 우생학이라는 미명하에 행했던 끔찍한 실험과 대량 살육으로 인해, 많은 유전학자가 행동의 근원을 밝히는 연구를 그만두게 되었어.

과학자들이 주춤하는 사이, 사회학자들이 행동에 관한 연구를 도맡았고 결과적으로 1960년대까지 환경적인 요인 때문에 많은 행동 장애가 생겼다고 여겨지게 되었어. 후에 유전자가 무엇인지, 그리고 유전자를 통해 무엇을 할 수 있는지 명확하게 깨닫게 된 생물학자들은 다시 행동 연구에 뛰어들었지. 오늘날 연구자들은 잘 밝혀진 행동의 원인이 되거나 그런 경향을 갖게 하는 특정 유전자를 찾아내곤 해. 그러나 아직은 환경이 중요한 역할을 하는 것 같아.

과학자들이 유전과 관련해 관심을 가진 성격의 첫 번째 특성은 호기심이야. 연구자들은 새로운 경험을 추구하는 사람들이 특정 유전자의 대립유전자를 갖는다는 사실을 발견했어. 사람의 11번 염색체에 존재하는 D4DR이라는 유전자는 뇌 세포막에 특별한 단백질을 생성해. 이 단백질은 '쾌락 중추'라고 부르는 뇌의 영역에서 도파민을 얼마나 받아들일지 조절하는 역할을 하지. 도파민을 흡수하는 정도는 독창성과 동기 부여에 영향을 주고 번지점프와 같은 격렬한 활동의 선호를 결정하는 등 다양한 방식으로 특성을 드러내.

모든 사람이 D4DR유전자를 갖지만, 각자 가지고 있는 대립유전자의 형태는 달라. 대립유전자의 각 형태는 DNA를 이루는 염기 서열의 길이에 따라 구분되는데 어떤 서열은 짧고 어떤 서열은 길지. 염기 서열이 짧은 D4DR 대립유전자를 2개 갖는 대신 염기 서열이 긴 대립유전자를 1개 이상 가지는 경우, 새로운 것을 추구하고 충동적인 성격을 나타낸다고 보고됐어.

성격 설문지를 분석해 보면 대립유전자의 길이에 따라 나타나는 몇몇 차이점을 더 잘 알 수 있어. 짧은 대립유전자를 2개 갖는 사람은 내성적이고, 완고하고, 금욕적이고, 검소하고, 차분했어. 반면 긴 대립유전자를 1개 이상 갖는 사람은 충동적이고, 탐구적이며, 활동적이고, 사치스럽고, 성미가 급했지. 긴 대립유전자를 갖는 사람은 심지어 매운 음식을 잘 먹는다지.

이 유전자는 늘 분주하게 떠돌아다니는 운명을 일컫는 역마살도 설명해줄 수 있다고 해. 전 세계 39개 집단의 D4DR 대립유전자 길이와 한 지역에 머물거나 떠나는 정도의 상관관계가 연구된 적이 있어. 짧은 대립유전자를 가지는 집단에 비해 긴 대립유전자를 가지는 집단은 이주하려는 경향을 더 크게 보였지.

집단에 따라 긴 대립유전자의 빈도가 각각 달라서, 극동아시아인(5%), 아프리카인(16%), 유럽인(20%), 북아메리카인(32%), 중앙아메리카인(42%), 남아메리카인(69%) 순으로 점점 높은 빈도를 보였어. 흥미로운 것은 인류가 기원한 아프리카로부터 더 멀리 이주한 집단일수록 긴 대립유전자가 자주 나타나는 경향을 보였다는 거야.

자신이 어떤 D4DR유전자를 가졌는지 알고 싶지 않니? 앞으로 DTC 유전자 검사를 통해 어떤 D4DR유전자를 가졌는지 알게 될 날이 곧 올 거야. 알 수 있다면 이 정보로 뭘 할 수 있을까? 아마 회사

매운 음식을 좋아하는 건 유전자 때문일까, 환경 때문일까?

의 고용주나 보험회사는 우리가 어떤 D4DR유전자를 가졌는지 알고 싶어 할 거야. 긴 대립유전자를 1개 이상 갖게 되면 알코올이나 다른 약물에 더 의존하게 된다고 해. 그렇다면 유전정보에 따라 차별을 받을 위험도 있지 않을까?

　　D4DR유전자를 다르게 보는 사람들도 있어. 그들은 D4DR에

의해 나타나는 성격 차이가 비교적 적고, 많은 성격이 D4DR유전자와 관련이 없다고 주장하기도 해. 따라서 짧거나 긴 D4DR 대립유전자가 성격에 미치는 영향이 명확하지 않다고도 하지.

그렇다면 우리는 어떤 결론을 내릴 수 있을까? 긴 D4DR 대립유전자가 없어도 스카이다이빙을 하거나 이주를 생각할 수 있어. 반대로 짧은 대립유전자가 없다고 해서 차분하지 못할 건 없지. 그러나 D4DR유전자에 대한 정보가 고용이나 보험에 차별적인 요인으로 작용할 수도 있을 거야. 생각해 봐야 할 문제지.

유전이냐, 환경이냐

어떤 형질이 유전이나 환경에 의해서 얼마나 좌우되느냐는 주제는 주로 쌍둥이 연구를 통해 다뤄졌어. 일란성 쌍둥이는 1개의 수정란이 분리되어 생겨. 따라서 이들은 유전자가 같고, 성별도 같지. 이란성 쌍둥이는 2개의 수정란에서 생겨나. 따라서 똑같은 환경을 공유하긴 하지만 보통의 형제자매보다 유전적으로 더 비슷한 것은 아니야.

어떤 형질이 이란성 쌍둥이에서보다 일란성 쌍둥이에서 더 자주 나타난다면, 적어도 이 형질은 유전의 영향을 받는다고 볼 수 있지. 유전학자들은 쌍둥이들에게서 공통으로 발현되는 형질의 비율을 계산함으로써 형질이 얼마만큼 일치할지 예측할 수 있어. 쌍둥이들끼리의 일치도를 측정해보면, 일란성쌍둥이와 이란성쌍둥이 사이의 일치도 차이가 어떤 형질에서는 거의 두 배까지 이를 수도 있지.

단일 유전자로 인한 유전병은 우성이건 열성이건, 일란성 쌍둥이에게서 100% 동일하게 나타난다고 해. 즉, 한 명이 이 유전자를 가졌다면 다른 한 명도 그렇다는 거지. 그러나 이란성 쌍둥이의 경우, 우성 단일 유전자 형질에 대한 일치율은 75%이고, 열성 형질에 대한 일치율은 25%야. 이것은 쌍둥이가 아닌 형제자매 간에도 동일하게 나타나는 멘델의 유전 비율이지.

여러 유전자에 의해 결정되는 형질의 경우도 일란성 쌍둥이의 일치율이 이란성 쌍둥이의 일치율보다 훨씬 높아. 마지막으로, 대부분 환경의 영향으로 나타나는 형질의 경우 양쪽 쌍둥이의 일치율 각각이 비슷하게 나타나지.

1924년, 독일 의사 헤르만 지멘스(Hermann Siemens)도 복잡한 형질에 대한 유전적 영향을 연구하기 위해 쌍둥이를 연구했어. 그는 일란성 쌍둥이와 이란성 쌍둥이의 학생부를 연구했지. 일란성 쌍둥이의 경우 이란성 쌍둥이에 비해 성적과 교사의 평가가 거의 비슷하다는 점에 주목했고, 유전자가 지능에 영향을 준다고 결론을 내렸어. 또한 지멘스는 출생 직후 헤어져서 서로 다른 환경에서 자란 일란성 쌍둥이를 연구하는 것이 더 좋은 방법이라고 제시하기도 했어.

태어나서부터 떨어져 자란 쌍둥이들은 유전과 환경의 영향을 비교해 볼 기회를 자연스럽게 제공해. 쌍둥이들이 공통으로 가지는 특징의 대부분은 유전되었다고 할 수 있어. 특히 이들의 생장 환경이 아주 다른 경우 더 그럴 거야. 쌍둥이들의 차이점은 이들이 자란 환경을 반영해.

1979년, 미국의 심리학자 토머스 부샤드(Thomas Bouchard)는 태어난 다음 떨어져서 자란 쌍둥이 혹은 세쌍둥이를 100쌍 넘게 연구했어. 연구팀은 쌍둥이들을 대상으로 약 일주일에 걸쳐 신체적, 심리적 검사를 진행했지.

이 검사에는 혈액형, 손재주, 머리카락이 자라는 모양, 지문 패턴, 신장, 몸무게, 지능, 알레르기, 그리고 치아의 모양 등 특징에 관한 조사가 총 24종 포함되었어. 연구팀은 쌍둥이들이 특정 환경에 처했을 때 보이는 얼굴 표정의 변화나 신체적 표현 등도 비디오테이프에 담았고, 그들의 감정과 관심을 둔 직업, 미신까지도 조사했지.

연구팀은 일란성 쌍둥이가 출생 직후 헤어져서, 서로 매우 다른 입양 가정에서 자랐어도 나중에 다시 만나면 특정한 상황에 대한 반응이 상당히 비슷하다는 것을 발견했어. 이런 행동은 우연의 일치에 지나지 않는 걸까, 아니면 유전에 의한 걸까?

사실 입양된 쌍둥이를 연구하는 일은 유전과 환경의 영향을 완벽하게 통제해 구분하는 방법이라고는 할 수 없어. 일란성 쌍둥이는 유아기에 이르기까지 엄마 배 속이라는 동일한 환경에서 자라기 때문에 이것이 이후의 발달에도 영향을 주지. 또 한집에서 자란다고 해도 환경이 반드시 같다고는 할 수 없어. 나이, 성별, 건강, 학교생활이나 친구 관계, 기질, 성격에 따라 부모의 사랑이나 교육 같은 환경적인 영향을 개인적으로 다르게 받아들이게 되거든.

입양 단체들은 흔히 사회경제적인 면이나 종교적인 면에서 할 수 있으면 입양아의 생부모와 같은 배경을 가진 입양 가정을 찾아주려고 해. 그래서 쌍둥이 둘을 서로 다른 가정으로 입양 보낸다고 해도, 혈연관계가 전혀 없는 두 아동을 입양한 가정의 경우와 비교했을 때보다 환경의 차이는 적을 거야. 결국 서로 떨어져 자란다고 해도 쌍둥이 둘의 공통점을 유전의 영향으로만 볼 수는 없는 거야. 이런 점에서 입양된 쌍둥이 연구는 완벽하다고 보기 어려워.

최근에는 우주정거장에 1년간 체류한 우주 비행사 스콧 켈리, 그리고 그의 일란성 쌍둥이인 지상 근무 우주 비행사 마크 켈리의 유전체를 비교한 실험이 이루어졌어. 그 결과 텔로미어 길이, 후성 유전학 및 전사 데이터로 측정한 유전자 조절, 위장의 미생물군집 구성, 체중, 경동맥 두께, 망막 두께, 혈장 대사물 등 여러 종류의 데이터에서 상당한 차이가 관찰됐어. 특히 어떤 유전자들은 지구로 귀환한 지 6개월이 지나도 그 차이가 사라지지 않았지.

이것은 완벽한 유전자 동일 대조군이 있는 사례로 환경의 영향을 뚜렷하게 드러내는 한 가지 예라고 할 수 있어. 우리가 앞서 살펴본 후성 유전의 예도 환경의 영향이 유전에 영향을 미치는 명백한 증거라고 할 수 있겠지.

사실 우리는 유전자가 우리의 정신이나 신체의 모든 특성을 결정한다는 유전자 결정론에 쉽게 빠져. 아마 일부 언론이나 심지어는 학자들이 이런 생각을 부추기기 때문에 더 그런 것 같아. 물론 이전에는 환경이 주된 원인으로 생각되던 특성들이 유전의 영향을 받는다고 새로 밝혀지고 있기는 해. 하지만 우리가 살펴보았듯이 유전자가 이런 특성을 전부 결정하는 일은 없어. 환경의 영향도 유전자 못지않게 사람의 특성을 조절할 수 있고, 심지어는 유전에도 영향을 미친다는 사실을 잊지 않았으면 좋겠어.

주요 참고 문헌

《로잘린드 프랭클린과 DNA》 브렌다 매독스 지음, 진우기 외 옮김, 양문, 2004.

《분자생물학》 미셸 모랑쥬 지음, 이병훈 외 옮김, 몸과마음, 2002.

《세상에서 가장 재미있는 유전학》 마크 휠리스 지음, 윤소영 옮김, 궁리, 2022.

《완두콩과 클론원숭이》 피에르 두주 지음, 김교신 옮김, 두산동아, 1997.

《이중나선》 제임스 D. 왓슨 지음, 최돈찬 옮김, 궁리, 2019.

《핀치의 부리》 조너선 와이너 지음, 양병찬 옮김, 동아시아, 2017.

《The Book of Genes and Genomes》

    Susanne Haga 외 지음, Springer, 2022.

《DNA: A Graphic Guide to the Molecule that Shook the World》

    Israel Rosenfield 외 지음, Columbia University Press, 2011.

《DNA Demystified: Unravelling the Double Helix》

    Alan McHughen 지음, Oxford University Press, 2020.

《DNA, Genes, and Chromosomes》

    Mason Anders 지음, Capstone Press, 2017.

《The DNA Mystique: The Gene as a Cultural Icon》

    Dorothy Nelkin 외 지음, University of Michigan Press, 2004.

《Genes and the Bioimaginary: Science, Spectacle, Culture》

　　Deborah Lynn Steinberg 지음, Routledge, 2020.

《Heredity: A Very Short Introduction》

　　John Waller 지음, Oxford University Press, 2017.

《The Inheritance of Traits: From Genetics to Heredity》

　　Kashaf Noreen 외 지음, Golden Meteorite Press, 2021.

《It's in Your DNA: From Discovery to Structure, Function and Role in

　　Evolution, Cancer and Aging》Eugene Rosenberg 지음, Academic

　　Press, 2017.

《Understanding Genetics: DNA, Genes, and Their Real-World

　　Applications》David Sadava 지음, The Great Courses, 2008.

《Welcome to the Genome: A User's Guide to the Genetic Past, Present,

　　and Future》Michael Yudell 외 지음, Wiley-Blackwell, 2020.

《30-Second Genetics: The 50 most revolutionary discoveries in

　　genetics, each explained in half a minute》Jonathan Weitzman 외

　　지음, Ivy Press, 2017.

과학
쫌 아는
십 대
18

유전자 쫌 아는 10대

생명과 진화의 비밀을 찾아 이중나선 속으로

초판 1쇄 인쇄 2023년 12월 11일
초판 1쇄 발행 2023년 12월 20일

지은이 전방욱
그린이 이혜원

펴낸이 홍석
이사 홍성우
인문편집부장 박월
책임편집 조준태
편집 박주혜
디자인 이혜원
마케팅 이송희, 김민경
관리 최우리, 정원경, 홍보람, 조영행, 김지혜

펴낸곳 도서출판 풀빛
등록 1979년 3월 6일 제2021-000055호
주소 07547 서울특별시 강서구 양천로 583 우림블루나인 A동 21층 2110호
전화 02-363-5995(영업), 02-364-0844(편집)
팩스 070-4275-0445
홈페이지 www.pulbit.co.kr
전자우편 inmun@pulbit.co.kr

ISBN 979-11-6172-903-9 44470
　　　979-11-6172-727-1 (세트)